T0268037

Claves de simbología

FRAGMENTOS, 47

Jaime D. Parra

CLAVES DE SIMBOLOGÍA
LAS FIGURAS ESENCIALES
DE LA CIENCIA DE LOS SÍMBOLOS
Y SU RELACIÓN CON LA CULTURA HISPÁNICA

FRAGMENTA EDITORIAL

Publicado por FRAGMENTA EDITORIAL
Plaça del Nord, 4
08024 Barcelona
www.fragmenta.es
fragmenta@fragmenta.es

Colección FRAGMENTOS, 47

Primera edición 2018

Producción editorial IGNASI MORETA
Diseño de la cubierta MIREIA IBAÑEZ
Maquetación JUAN JOSÉ LÓPEZ
Fotografía de la solapa JUDITH VIZCARRA

Impresión y encuadernación ROMANYÀ VALLS, S. A.

© 2018 JAIME DANIEL PARRA ORTEGA
por el texto

© 2018 FRAGMENTA EDITORIAL, S. L. U.
por esta edición

Deposito legal B 5.907-2018
ISBN 978-84-15518-85-3

Generalitat de Catalunya
Departament de Cultura

Con el apoyo del Departament de Cultura
de la Generalitat de Catalunya

A Rosa, el aroma.
A Iris, el color.
A Carmen, el canto.

En una pintura arcaica (siglo XI) de Sant Quirze de Pedret se ve una pequeña figura humana en el interior de un círculo sobre el que aparece un pavo real. Se ha dicho que esta imagen representaba una alegoría de la cruzada, según la bula del papa Alejandro II del año 1061; pero, en mi opinión, es un símbolo más profundo que expresa la «situación límite» del hombre medieval, cuya actitud es la de una cruz simbólica. Y es que únicamente puede escapar del círculo mágico que lo encierra por medio de la muerte del cuerpo y de la inmortalidad del espíritu (pavo real). El hombre de hoy, el hombre de después del Renacimiento y del Romanticismo, desearía «no beber ese cáliz» y encontrar otro camino para alcanzar su realización.

JUAN-EDUARDO CIRLOT
«Respuesta a Breton: *L'art magique*» (1957)

ÍNDICE

PRÓLOGO

EL SENTIDO DEL SENTIDO

Andrés Ortiz-Osés

La filosofía no trata del mero significado funcional de las cosas sino de la significación o significancia axiológica y, finalmente, del sentido radical: el sentido existencial. La filosofía trata de la significación de la vida y del sentido de la existencia desde una perspectiva radical o esencial (aunque no esencialista o fundamentalista sino autocrítica y abierta). La filosofía estudia el horizonte del sentido humano del mundo proyectado teológicamente como Dios, filosóficamente como Ser y lingüísticamente como Logos. En efecto, el Sentido es la traducción antropológica de la trascendencia religiosa, del ser ontológico o metafísico y del logos lingüístico o dialógico.

Aquí quisiera radicalizar la cuestión radical del sentido preguntando por el sentido del sentido, por su esencia existencial, por su ser, logos o trascendencia: una trascendencia sin duda inmanente, ya que no podemos sobrevolar el mundo ni salirnos del lenguaje, como adujo Wittgenstein certeramente. Sin embargo, podemos llevar el sentido a su límite planteando el sentido del sentido, o sea, la significación simbólica del sentido. Esta es una pregunta por el sentido y lo que simboliza más allá o más acá, transversalmente, de su mero decir; por tanto, es una pregunta por el sentido simbólico o, si se prefiere, por la simbolización del sentido.

La reconocida respuesta wittgensteiniana es que el sentido radical no se dice sino que se muestra (*zeigt*): el mismo término alemán que usa Heidegger para definir el lenguaje como mostración del ser. En efecto, el sentido radical no anda por la calle como un ente y no se puede describir como una cosa; pero tampoco es un mero significado lógico o abstracto, sino existencial. Según el propio Wittgenstein, el sentido de la realidad no es una realidad dada, sino transreal, el sentido del mundo no es mundano, sino transmundano, el sentido del lenguaje no es lingüístico, sino translingüístico. Ahora bien, yo matizaría la visión extrinsecista o trascendentalista del primer Wittgenstein; yo respondería hermenéuticamente que el sentido de la realidad es surreal, el sentido del mundo es intramundano y el sentido del lenguaje es intralingüístico o dialógico. Lo cual quiere decir que el sentido del sentido es simbólico.

Comencemos afirmando que el sentido de todo no es algo; por eso, el sentido de la realidad no es una realidad dada cósicamente, sino una realidad dada simbólicamente. El simbolismo es lo que media y remedia el hiato entre el hombre y el mundo, ya que se da una correlatividad entre el mundo y el hombre, la realidad y nuestra idealidad. Mundo y hombre están coordinados a través de una relación trascendental, de modo que la realidad y nuestra idealidad se coordinan a través del lenguaje simbólico. Este lenguaje involucra al hombre con el mundo y al mundo con el hombre, hasta el punto de no poder prescindir de su carácter implicativo o coimplicativo. El lenguaje coimplica realidad e idealidad, posibilitando así el diálogo del hombre con el mundo.

De modo que estamos siempre ya coimplicados a la realidad a través del lenguaje de ida y vuelta que posibilita el diálogo abierto entre nuestra subjetividad y la objetividad de los objetos. El sentido del sentido es entonces el lenguaje, que, como logos dialéctico-dialógico, reúne hombre y mundo al encuentro. De aquí que el lenguaje sea nuestra posibilidad y nuestra imposibilidad, ya que no nos es posible salir de su coimplicación radical. El lenguaje se yergue así como un límite transparente, ya que nos posibilita la patencia de las cosas pero no trasaparentemente. Como dice Wittgenstein, el lenguaje es un límite que delimita nuestro conocimiento mundano pero impide ver más allá, trasmundana o metafísicamente.

Por eso piensa Wittgenstein que no podemos acceder al sentido del mundo o realidad omnímoda, ya que trasciende nuestra reclusión en el lenguaje, aunque es posible acceder a lo místico, indecible a través del propio límite del lenguaje, el cual es el silencio. La máxima wittgensteiniana de callarse ante lo indecible no es imperativa o autoritaria, pero tampoco positivista o nihilista. Se trata de una máxima mínima, mostrativa o evocativa: simbólicamente significa que el silencio significa o es significativo en el sentido no de decir o exponer el sentido sino de mostrarlo o abrirlo (incluso de expresarlo silenciosamente). O el sentido como apertura trascendental al sentido, un sentido silente que emerge al callarnos y abandonar el espacio-tiempo en nombre de una visión o intuición del presente eterno (*sub specie aeternitatis*). En donde el sentido comparece como una contuición, co-intuición o doble intuición del mundo como totalidad flotando en la

nada (simbólica): en donde de nuevo nos acercamos al Heidegger definidor del ser flotante en la nada.

El lenguaje como sentido del sentido o logos del ser no
puede decirse a sí mismo, pero se nos muestra como límite
abierto y no cerrado: un límite que nos abre a un silencio
ascético-místico que simboliza la trascendencia respecto al
mundo de nuestra inmanencia. Cierto, el sentido del mundo estaría fuera del mundo espaciotemporal, pero el aca-
llamiento del mundo evoca otro mundo. Como afirma el
eranosiano Pierre Hadot, la esencia del lenguaje dice lo de-
cible y expresa lo expresable, pero tendiendo a lo indecible e
inexpresable (lo místico). El propio Wittgenstein en nombre
de una ética existencial y de una estética trascendental luchó
contra los límites del lenguaje paradójicamente, al querer decir o expresar siquiera alusivamente lo indecible.

Esto indecible es el sentido del lenguaje, indecible pero
evocable simbólicamente. Pues al mostrar los límites trans-
parentes del lenguaje nos muestra su borde flotando en el espacio abierto de la trasaparencia siquiera oscura por cuanto
límite. Incluso el último Wittgenstein deja entrever a través
de los juegos del lenguaje el trasfondo del lenguaje de juego,
lenguaje de juego que consiste en conjugar el mundo y, en el
límite, conjurarlo (místicamente).

El sentido del sentido dice apertura trascendental frente a
toda clausura inmanental: por eso el logos es el sentido dialógico o abierto del lenguaje, el ser es el sentido de apertura de
los seres o entes, y Dios es el sentido trascendente de nuestra
inmanencia o cerrazón mundana. El sentido del sentido dice
entonces implicación radical del hombre y el mundo, del alma
y el ser, de trascendencia e inmanencia. Esta implicación o
coimplicación de subjetividad y objetividad, interioridad y

exterioridad, muestra un sentido implícito o implicado en la estructura de la realidad a modo de urdimbre relacional.

Esta relacionalidad de fondo es significativa de un sentido de implicación irrepresentable o indecible, precisamente porque nos representa y dice simbólicamente, o sea, significativamente.

El logos del lenguaje muestra o sugiere más de lo que dice, evoca o señala más de lo que expone. Por cierto, sería típico del pensamiento oriental (chino) señalar y dar que pensar a través de fórmulas alusivas. Pero no hay nada como el silencio para silenciar el mundanal ruido, re-evocándolo todo en el todo *sub specie aeternitatis*. Lao-Tsé lo expresó atinadamente cuando dijo: quien sabe no habla, y quien habla no sabe (*Tao Te King*).

PREFACIO

EL SIMBOLISMO QUE SABE

H ACE ALGO MÁS DE una década reunimos una serie de
autores de tres países —Francia, Italia y España— y les
asignamos la figura de un simbólogo; elegimos también el
nuestro, y todo ello lo reunimos en un volumen: *La simbología. Grandes figuras de la ciencia de los símbolos*. Posteriormente publicamos artículos sobre el tema en algunas
revistas y algunos libros. El resumen de nuestra tesis sobre
Juan-Eduardo Cirlot, que fue publicada por Ediciones El
Bronce (Grupo Planeta), se llamó también *El poeta y sus símbolos*. Ahora retomamos el tema con otro libro: CLAVES DE
SIMBOLOGÍA. *Claves* porque creemos que trata de lo esencial
sobre la materia: por una parte, un artículo general sobre las
grandes corrientes y, por otra, sobre algunos autores fundamentales que, de alguna forma, pueden relacionarse con
la simbología en la Península, o con la cultura ibérica. No
solo por la cábala, surgida en ámbitos castellanos (Moshe de
León), aragoneses (Abulafia) y gerundenses (Azriel); ni por
el sufismo de gran cultivo en el Al-Andalus (Ibn ʾArabī);
sino también por grandes estudiosos, como, por ejemplo,
Schneider, que desde el Consejo Superior de Investigaciones

Científicas en Barcelona asentó las bases de la simbología en España (línea que continuó Cirlot) y fortaleció la italiana (donde estaba Zolla), llegó incluso a ser un ejemplo para la inglesa (donde destaca Godwin) o la alemana (con Bleibinger, que también realizó investigaciones en Barcelona). Todos ellos son en un momento u otro autores relacionables con nuestra cultura. Por tanto, son unas claves para la simbología en España. Seguramente en otros países las prioridades variarán, pero aquí las nuestras son estas.

El uso del término *simbología* nos ha parecido lo suficientemente aceptado y libre de la ambigüedad que puede tener el de simbolismo, aunque todo venga de *símbolo*. Por *simbología* entendemos lo que Ananda K. Coomaraswamy, el gran estudioso de arte hindú, que estuvo al frente del Museo de Boston, llamó *pensamiento en imágenes* y, en otra ocasión, *simbolismo tradicional*, que para él era el *simbolismo que sabe*, frente al otro *simbolismo*, el de algunos poetas, al que consideraba un *simbolismo que busca*.[1] Simbología es simbolismo tradicional, y en eso estarían de acuerdo otra serie de autores, como Guénon, y otros que hablan de tradición unánime. Lo que es más discutido es que el *simbolismo literario*, el de los poetas, sea el *simbolismo que busca*, sin más, pues según algunos autores, como María Zambrano, lo propio del poeta no es buscar, ya que el poeta ya lo tiene todo.[2] El poeta encuentra. O mejor: le es dado. No tiene que buscar. Este aspecto también es discutible para autores como Manfred Lurker, para quien el poeta es esencialmente un buscador.

[1] Ananda Kentish Coomaraswamy, «Il simbolismo letterario», *Il grande brivido*, Adelphi, Milán, 1987, p. 275-283.
[2] María Zambrano, «Poesía y ética», en *Filosofía y poesía*, Fondo de Cultura Económica, México D. F., 2008, p. 27-46.

Esta noción o complejidad la completa Cirlot, para quien el hombre, no ya solo el poeta, es un buscador de símbolos. El simbólogo también busca. El hallazgo podrá llegar y habrá de llegar. Lo suyo es también un encuentro.

La palabra *símbolo* significa «conciliación». En griego, como recuerdan Andrés Ortiz Osés[3] y Salvador Pániker,[4] σύμβολον (*symbolon*) era el nombre dado a un objeto que al reunir dos partes separadas les servía, a dos personas separadas, para reconocerse. Las dos mitades encajarían perfectamente, conciliarían. Sim-bólico sería un orden, opuesto a dia-bólico, que sería el desorden. El símbolo es, como el yin-yang, un elemento ligador, un vínculo, como en cierto modo también lo es la religión (*religare*), volver a juntar. El ser humano es un ser escindido y debe cuidar sus fisuras, como señala Pániker. Una de las formas de hacerlo es recurriendo a los símbolos. El símbolo es una categoría de la mediación, según la visión de Corbin y sus seguidores, y su función es crear puentes, sobre todo puentes verticales, como decía Schneider. Por eso, la simbología es un sistema de correspondencias.

En la obra que ofrecemos recogemos dos líneas. La primera, relacionada con una noción de origen que afecta sobre todo a músicos y musicólogos, y tiene dos vertientes: la seguida por Schneider y su discípulo Cirlot, que siguen la idea de ritmo común asociada a un mundo de correspondencias relacionable con el mundo hindú; y la seguida por Godwin, con sus teorías de la armonía de las esferas, que enlaza con

---

[3]   Andrés Ortiz-Osés, «La vida simbólica», en Jaime D. Parra, *La simbología. Grandes figuras de la ciencia de los símbolos*, Montesinos, Barcelona, 2001, p. 19-34.

[4]   Salvador Pániker, *Aproximación al origen*, Kairós, Barcelona, 1982, p. 116.

el pitagorismo, entre otras corrientes tradicionales. Schneider vivió en Barcelona, estudió las tradiciones hispanas (catalanas, aragonesas y de otras zonas) y dejó un fuerte impacto, directa o indirectamente, en algunos de los mencionados: Cirlot, Zolla y Godwin. La segunda línea es la que se sitúa dentro de las tres grandes místicas de las tradiciones del Libro, fundamentalmente: la cábala, el sufismo y el misticismo cristiano, que tuvieron gran relevancia en la Edad Media o en el Renacimiento, pero que han atraído modernamente a autores como Asín Palacios, Eugenio d'Ors, Dámaso Alonso y, posteriormente, a otros grandes estudiosos como Scholem, Idel, Corbin o Zolla: lo curioso es que parte de lo principal de sus obras trata sobre autores hispánicos. Entre ambas líneas, hay relaciones y correlaciones, como la búsqueda de un centro. Con ello, queremos rescatar del olvido una zona que la inmediatez de nuestras *selfies*, donde somos el centro del mundo, no nos deja ver.

I

LA SIMBOLOGÍA: GRANDES TENDENCIAS DE LA CIENCIA DE LOS SÍMBOLOS

Hay que establecer una distinción entre «le symbolisme qui sait» y «le symbolisme qui cherche», siendo el primero el lenguaje universal de la tradición y el segundo el de los poetas que, a veces, son llamados simbolistas.

ANANDA K. COOMARASWAMY

Aquello sobre lo cual se funda el símbolo son, del modo más general, las correspondencias existentes entre los diversos órdenes de la realidad, aunque no toda correspondencia es analógica.

RENÉ GUÉNON

Lo que llamamos símbolo es un término, un nombre o aun una pintura [...]. Representa algo vago, desconocido u oculto para nosotros.

CARL G. JUNG

1 BIBLIOTECA DE LOS SÍMBOLOS

Hay libros que nos buscan. Nos llaman. Saltan de los estantes, donde viven o esperan, y se nos colocan entre las manos. Abandonan las librerías y se trasladan a nuestra casa, a la mesilla de noche o a la cartera cuando viajamos. Son libros que nos eligen: saben de nuestra edad, de nuestros sueños, de nuestras aspiraciones y de esa llaga o cicatriz que tuvimos un día y delicadamente ocultamos. Algunos nos acompañan durante un período, hasta que los dejamos o nos dejan: entonces se van a vivir con nuevos lectores. Otros nos siguen el rastro, aparecen y desaparecen; son como viejos amigos que viajan y nos los encontramos, pasado un tiempo, cambiados, diferentes. Pero hay algunos que no nos dejan nunca; son como nuestra casa: los libros que nos leen y leemos. Libros que nos hacen crecer. Lo que fuimos, lo que somos, lo que seremos.

Nos acercamos ahora a nuestra biblioteca y vemos que forma parte de otras bibliotecas, algunas fundadas por exiliados. Tiene varias secciones, pero entre ellas nos quedamos con tres: la poesía de cualquier época y lugar, los textos de heterodoxos sin posibilidad de clasificación y los libros de simbología. De pronto, advertimos que ciertos autores o temas han ido creciendo más que otros. Nos damos cuenta de que en algunos casos reunimos maléficamente varias ediciones de un mismo texto. Observamos también que muchos libros han desaparecido. ¿Qué ocurre? La biblioteca, tal vez como la ciudad, es como un organismo vivo, algo que se mueve y se transforma. Y, quizás por esto, la parte que encontramos más renovada en los anaqueles es la de *místicos* y *heterodoxos*.

Nuestros primeros contactos con el mundo de la mística y de la heterodoxia parten de una misma fuente: la *Historia de los heterodoxos españoles* de Menéndez y Pelayo. Luego, unos libros nos fueron llevando a otros. Así llegamos, sin pretenderlo, al mundo de los símbolos. Este era un campo amplio, casi inabarcable, pero fuimos avanzando. A oscuras, pero avanzábamos. Muchas veces fueron los poetas quienes nos daban la pista. Así, leyendo a Unamuno uno se puede encontrar con el *Zohar*; estudiando a Valente, con Abulafia, y siguiendo a san Juan de la Cruz, con el sufismo. De esta manera, detrás de la cábala surgían los estudiosos de la mística judía; detrás del sufismo, los iranistas, y detrás del mundo hindú, los indólogos. A continuación se establecían las relaciones entre Oriente y Occidente. Y así llegaban los nombres, los simbólogos: Carl G. Jung, Mircea Eliade, Gershom Scholem, Moshe Idel, Henry Corbin, Heinrich Zimmer, Ananda K. Coomaraswamy y todos los demás. Una buena vía de acceso, como pórtico, a ese mundo de simbólogos, es la lectura de libros como el *Diccionario de símbolos*, de Juan-Eduardo Cirlot. Ahí, en sus prólogos, en sus entradas y en su bibliografía se aprecian sus incursiones en esos campos, bastante insólitos en la cultura de su tiempo, por cierto. Eran autores, muchos de ellos, relacionados con el Círculo de Eranos, fundado bajo la protección de Hermes, y con el mundo de Jung, que se expandía desde Suiza y otros países. Carl G. Jung, Gershom Scholem, Henry Corbin o Mircea Eliade, a los que hay que añadir otros como Louis Massignon, Rudolf Otto, Walter F. Otto, Carl Kerényi o Joseph Campbell, entre los más conocidos, estaban relacionados con campos especiales, como el mundo de los arquetipos y el subconsciente, la cábala hebraica, el sufismo iraní, los mitos o la historia de las religiones. En el terreno del mito están ubicados Carl Kerényi (mitos griegos sobre todo), Josep Campbell (mitos universales) y Walter F. Otto (mitos griegos). Otros, como Ananda K. Coomaraswamy y Heinrich Zimmer, estaban relacionados con la cultura hindú: el primero, especialmente con el arte, y el segundo, con los relatos. En otra atmósfera se encuentran otros simbólogos franceses, como Gaston

Bachelard y Gilbert Durand, maestro y discípulo, que desarrollaron sendos mundos sobre la poética de los elementos y los regímenes del imaginario; a ellos puede añadirse un tercero, René Guénon, que exploró distintas vías, orientales y occidentales. Mientras, otros se relacionaban más con el mundo árabe, como Titus Burckhardt y Frithjof Schuon. Dentro del ámbito italiano destacan las figuras de Julius Evola y Elémire Zolla, con perspectivas varias. A ellos deben sumarse autores más jóvenes, como Moshe Idel, estudioso de la cábala española del sonido, la de Abraham Abulafia. Sobre la mayoría de ellos versaba nuestro libro *La simbología*. *Grandes figuras de la ciencia de los símbolos*, donde se reunían trabajos de dieciséis autores conocedores de la materia, «una visión polifónica de un mismo hecho que tiene distintas gamas: la ciencia de los símbolos, algo que, desde Rudolf Otto, ya no puede olvidarse».[1] Por eso, aquí, proponemos otras *claves*. Tomaremos como referencia esencial algunos de los libros fundamentales de los autores mencionados, a los que se pueden ir sumando más: más libros, más autores.

2 DICCIONARIOS DE SÍMBOLOS

En principio, nos parece que, para entrar en el mundo de los símbolos, puede partirse de un buen diccionario, o unos buenos diccionarios, y a continuación dirigirse a las obras clave. Nos parecen fundamentales uno o dos diccionarios sobre

---

[1] Jaime D. PARRA, «Presentación. Simbolismo tradicional», en *La simbología. Grandes figuras de la ciencia de los símbolos*, Montesinos, Barcelona, 2001, p. 12.

símbolos. Pero tratándose de una materia como esta, tan amplia, remitimos directamente a los dos inevitables, el de Juan-
Eduardo Cirlot y el de Jean Chevalier y Alain Gheerbrant. El
de Cirlot —en la primera edición con el título de *Diccionario
de símbolos tradicionales*—, no solo porque es un documento
ambicioso, el primero en el mundo en aparecer y el de mayor
difusión, sino por la implicación personal que el autor tuvo
con el tema, hasta hacerlo surgir como mecanismo apto para
aclararse sus propios sueños y poemas; por ejemplo, los del *Ciclo de Bronwyn*. Tiene una parte subjetiva, que es la que inserta
con ese mundo surreal de las vivencias del autor, como ocurre,
por ejemplo, en la voz *Cicatrices*. Sin embargo, tiene la otra
parte documental, fundamental, en que se sustenta y donde se
sirve de un fondo de citas y lecturas que implican a los grandes sabios de la simbología, desde Marius Schneider, su maestro, pasando por los ya mencionados Jung, Scholem y Eliade,
hasta Corbin. El *Diccionario de símbolos* de Cirlot es, por ello,
también, la obra de investigación más ambiciosa de este autor —su preferida, en prosa— y el pórtico para una *Ciencia
de los símbolos*, materia que ya anunció en una conferencia
pronunciada en la Universidad de Barcelona.[2] El diccionario
de Chevalier y Gheerbrant, con una extraordinaria documentación también, sirve de contraste y complemento, y resultará
apto, como quieren sus autores, «para soñar y reflexionar»,
además de servir de libro de consulta y de una introducción
a los símbolos.[3] Para Cirlot, su «interés por los símbolos tiene un múltiple origen» o causa: su «enfrentamiento con la

[2]   Juan-Eduardo CIRLOT, «Hacia una ciencia de los símbolos», *Sumario
de estudios y actividades*, 2.º y 3.ᵉʳ trimestres, Padres Jesuitas, Barcelona, 1952.
[3]   Jean CHEVALIER / Alain GHEEBRANT, *Diccionario de símbolos*, Herder, Barcelona, 1999, p. 15.

imagen poética» y con *el arte de presente*, por una parte, y
su preocupación por *los sueños* y la tradición universal, por la
otra.[4] Para Chevalier y Gheerbrant, su interés por los símbolos viene dado por su deseo de dar una clave o un árbol del
mundo que pueda «servir al lector de hilo de Ariadna para
guiarlo en los tenebrosos recodos del laberinto».[5] Para Cirlot,
que es poeta, el símbolo es vivencia, mediación, pensamiento
en imágenes, una realidad viva. Para Chevalier y Gheerbrant,
el símbolo es conciliación, participación, categoría de altura,
sustitución: también para ellos el símbolo es algo vivo.[6] Estos
son dos diccionarios que toda persona culta debería poseer en
su biblioteca, se dedique al tema que se dedique.

Se podrían añadir otros diccionarios, enciclopedias o tratados de símbolos de interés, como el de Hans Biedermann
titulado *Diccionario de símbolos*, que sigue el original alemán
(lo mismo que la francesa *Encyclopédie des symboles*, Librairie
Générale Française), y el libro de Manfred Lurker *El mensaje
de los símbolos*, que recoge artículos sobre símbolos fundamentales; por no hablar también de otros más breves pero
igualmente sugerentes, como el *Diccionario de símbolos* de
J. C. Cooper y el *Diccionario de símbolos y mitos* de José Antonio Pérez-Rioja, con especial distribución de los temas. Todo
ello entre los que han tocado la *ciencia de los símbolos*, como
la llama René Alleau, aunque ya Guénon y el propio Cirlot
habían anticipado nociones parecidas. Cirlot, por ejemplo,
en el prólogo a la segunda edición de su *Diccionario de símbolos* (1969) escribía: «Creemos con René Guénon (*Symboles*

---

[4]   Juan-Eduardo CIRLOT, *Diccionario de símbolos*, epílogo de Victoria
Cirlot, Siruela, Madrid, 1997, p. 13-15.
[5]   CHEVALIER / GHEEBRANT, *Diccionario de símbolos*, p. 15.
[6]   *Ibid.*, p. 15-37.

fondamentaux de la science sacrée) que el simbolismo es una ciencia exacta y no una libre ensoñación en la que las fantasías individuales puedan tener libre curso».[7] El mismo Schneider, agradeciendo a Cirlot la dedicatoria y el envío del *Diccionario de símbolos*, utiliza el término *ciencia* para referirse a la simbología: «Por fin llego a agradecerle su bello libro y a felicitarle muy calurosamente por el gran esfuerzo que ha hecho en este dominio tan nuevo de nuestra ciencia».[8] También tenemos diccionarios sobre las religiones, como los elaborados por Mircea Eliade en colaboración con Ioan Petru Couliano, o el de Enrique Miret Magdalena (el primero con artículos sobre grandes temas, el segundo con entradas alfabéticas de cierta extensión); los de mitología, como los de Pierre Grimal o Ives Bonnefoy, sobre temas grecorromanos o sobre temas universales; los de hermenéutica, como los de Andrés Ortiz-Osés y Patxi Lanceros, verdaderos ensayos en forma de diccionario o clave alfabética, e incluso los de musicología, como la *Histoire de la musique* (1960) de Gallimard, o *Literatura / Música* (1957) de Labor, con importantes aportaciones de figuras como Marius Schneider. Y decimos esto en un tiempo en que nos fiamos demasiado de internet, sin pensar que muchas veces no se trata de una información contrastada.

3 JUNG Y LOS SUEÑOS

En cuanto a la creación de mundos simbólicos, conviene empezar por Jung, el gran inspirador, en el Círculo de

---

[7] Cirlot, *Diccionario de símbolos*, p. 11.
[8] Marius Schneider, «Postal a Cirlot», del 17 de julio de 1958, *Rosa Cúbica*, núm. 10 (primavera de 1991), p. 99.

Eranos (1933-1988), allá en Suiza, en Ascona, junto al lago, en el torreón de Bollingen, lo que algunos consideran sintomático, pues a Jung se lo suele asociar con el simbolismo del agua. Su mundo es fundamental no solo por sus teorías del subconsciente, que van más allá del mundo propuesto por Freud, sino también por su interés por el mundo poético y las obras del arte y su defensa de una realidad otra. El subconsciente es mitopoético y no un simple cubo de basura o reflejo de enfermedades, como pensaron otros. Por ello, Jung entró en varias culturas y manifestaciones humanas buscando unas constantes universales: en el mundo de la alquimia (*Psicología y alquimia, Paracélsica*), en el mundo oriental del mandala, del Tao, del *I Ching* y del yoga (*El secreto de la flor de oro, La psicología del Kundalini yoga*), en el mundo del Antiguo Testamento (*Simbología del espíritu, Respuesta a Job*), en el mundo de los sueños (*El hombre y sus símbolos, Recuerdos, sueños y pensamientos*), en el mundo de la filosofía, la poesía, el arte y el mito (*Tipos psicológicos, Símbolos de transformación, Realidad del alma*). Siempre buscando la casa del *alma*, la visión trascendente que subyace bajo símbolos y arquetipos. Job, Enoc, William Blake, Paracelso, James, Goethe, Prometeo, Gilgamesh, el Apocalipsis, Ulises, Picasso y otras figuras o emblemas de nuestra civilización pasan bajo su lente profunda y transformadora.

Creador de nociones como las de *inconsciente colectivo, ánimus-ánima* o *tipos psicológicos*, su obra es toda una referencia: es el más prestigiado de los que se han acercado al subconsciente en busca de una realidad poética trascendente. Destacamos sus obras fundamentales *Símbolos de transformación, El hombre y sus símbolos* y *Recuerdos, sueños y pensamientos*, por su acercamiento al mundo onírico y su simbolismo creador. En especial, nos parece interesante el análisis junguiano de los sueños, que, dando un paso más allá de las recopilaciones e interpretaciones de Artemidoro y de Freud en sus libros respectivos *La interpretación de los sueños*, nos sitúa en una vía nueva, muy sugerente. Se trata de un método distinto. Si para Freud los sueños constituyen un ejemplo de *asociación libre*, para Jung es ya más importante su *forma emotiva y su contenido*: «las asociaciones del propio sueño».[9] Su desacuerdo, pues, con la *asociación libre* lo llevó a «mantenerse lo más cerca posible del sueño mismo», «en las asociaciones del propio sueño», y a alejarse de Freud.[10] El sueño es el centro. Por eso, siempre que se aleja dice: «Volvamos al sueño. ¿Qué dice el *sueño*?»[11] «El sueño no se parece en nada a una historia contada por la mente consciente», señala; y añade que en cierta forma el cuadro del sueño es «simbólico», porque la vida onírica es «el suelo desde el cual se desarrollan originariamente la mayoría de los símbolos».[12] Los ejemplos los tenemos en innumerables obras pictóricas. Por citar algunas: los *Caprichos* de Goya, *El sueño de Polifilo* de Colonna, o *El tiempo es un río sin orillas* de Chagall.[13] Resulta sintomático que un movimiento creador como el expresionismo abstracto norteamericano no volviese sus ojos hacia Freud, como hizo el surrealismo francés, sino que lo hiciera hacia él. Algo se había avanzado.

[9] Carl Gustav JUNG, «Importancia de los sueños», en *El hombre y sus símbolos*, Paidós, Barcelona, 1995, p. 21-31.
[10] *Ibidem.*
[11] *Ibidem.*
[12] Carl Gustav JUNG, «La función de los sueños», en *El hombre y sus símbolos*, p. 39-43.
[13] *Ibid.*, p. 40-41.

Si la ciencia de los símbolos tiene un faro a principios de su creación en el siglo xx, este apunta, inevitablemente, hacia Jung. Desde Eranos mismo su figura se extendió a todo el mundo. Junguianos también, en cierto sentido, han sido autores de gran importancia en el estudio de los mitos, como Joseph Campbell —autor de *El héroe de las mil caras* y de *El encuentro con la diosa*—, y de los símbolos, o como Marie-Louise von Franz —colaboradora de *El hombre y sus símbolos* y autora de *Símbolos de redención en los cuentos de hadas*. Y junguianos, en cierto sentido, son varios de los miembros de la simbología de las universidades del País Vasco, con Andrés Ortiz-Osés a la cabeza. La luz proyectada por Jung, efectivamente, es alargada.

4   CÁBALA Y SUFISMO: SCHOLEM, IDEL, CORBIN

En cuanto al mundo de la cábala y la mística judía, uno de los ámbitos donde mejor se ha desarrollado la simbología, caben dos direcciones necesarias. La primera, hacia los trabajos de Scholem, el gran estudioso de la cábala, que fue profesor de la Universidad de Jerusalén, y otra, la de su sucesor y seguidor Moshe Idel. Uno de los libros esenciales de Scholem es *Los orígenes de la cábala*, que informa sobre la trayectoria de esta tradición en el sur de Francia y el norte de Cataluña —en Provenza y Gerona. Otro es *Las grandes tendencias de la mística judía*, una especie de continuación, que presenta, entre otros aspectos, las principales líneas de la cábala aragonesa y castellana de los siglos XII y XIII: el *Zohar*, de Moshe de León, autor castellano, y los escritos de

Abraham Abulafia, místico viajero nacido en Aragón. El *Zohar* ya era bien conocido como una de las fuentes de la *cábala de la luz*. Sin embargo, Abulafia, representante de la *cábala de los nombres* o *de las letras*, era la primera vez que aparecía con cierto rigor y amplitud en una historia de la mística judía. Aprendimos en esta obra de Scholem lo que era la cábala en su esencia. Otras obras suyas, como *La cábala y su simbolismo* o *El nombre y los símbolos de Dios en la mística judía*, nos mostrarían y desarrollarían otros aspectos o nociones, como los del *Gólem* (humanoide), *tselem* (imagen), *Lilith* (primera esposa de Adán), *'ayin* (la nada), *shekhinah* (divina Presencia) o *sefirot* (árbol de la vida). Gracias a ello, se puede entender mejor a los poetas amantes del mundo cabalístico, como Valente o Cirlot, y conocer el fondo secreto que hay dentro de uno mismo.

No menor importancia tienen, en este momento, los hallazgos de Moshe Idel, su sucesor, que desplaza el interés de la cábala hacia un ámbito nuevo: la línea catalano-aragonesa, que en ciertos aspectos va más allá que la otra. Idel se dirigió al centro mismo de la cábala de Abulafia: la profecía, los nombres y el sonido. Es la cábala del exilio y del exiliado. Así lo hace en su volumen *La experiencia mística de Abraham Abulafia*, al que siguieron otros libros: *Cábala: nuevas perspectivas*, *Estudios de cábala extática* y *Lenguaje, Torá y hermenéutica en Abraham Abulafia*. En estos últimos amplió la idea de una mística del lenguaje, que es heredera del *Libro de la Creación*, de autor anónimo, y de la *Guía de perplejos*, de Maimónides. Allí se muestran las que son sus directrices: la música como sistema de referencia, la permutación y visualización de las letras como guía, y el encuentro o unión extática con la divinidad como fin. Idel centra su estudio en el aspecto menos atendido por Scholem: la unión o *debecut*. El porqué no se ha traducido aún *La experiencia mística* en España, mientras circula en lenguas de países vecinos, como el francés o el italiano, es algo que no entendemos y no entenderemos. De Abulafia mismo se han editado algunos textos, como *Las siete vías de la Torá*, en alemán, en francés y en italiano, sin que se haya hecho aún nada igual en Aragón y Cataluña, sus tierras de origen.

Dentro del ámbito del mundo árabe, y en concreto dentro del sufismo, tenemos otro espacio donde siempre ha florecido el mundo de los símbolos. Tras los estudios históricos de Miguel Asín Palacios sobre Ibn ʾArabī de Murcia y los de Louis Massignon sobre Hallâj, destacaron los trabajos de Henry Corbin sobre el sufismo de Ibn ʾArabī, pero sobre todo sobre el sufismo iraní, el de Sohravardī y Rûzbehân. Es verdad que su voz no es la única sobre el tema, como aprecia Zolla, pero sí que es una referencia firme, la más conocida y valorada. Corbin ofrece otra versión del sufismo: a través de él se puede conocer a Sohravardī, Rûzbehân, Kubrā, Rāzī y los principales autores iraníes, y las nociones esenciales del *mundo imaginal* y la *mística de la luz*. Y de eso es, precisamente, de lo que habla en un libro que ha tenido una especial fortuna en su trayectoria: *El hombre de luz en el sufismo iranio*. Se trata de un estudio de las teofanías de la luz coloreada: Sohravardî y la luz auroral oriental, Rûzbehân y las visiones del polo, Kobrâ y la *visio smaragdina* asociada al *dhikr*, Rāzī y la *luz negra*. Es decir, los principales fotismos de una experiencia mística: el dorado, el rojo, el verde y el negro. Lo buscado es la luz divina y el buscador es una parte de ella. La luz se identifica con el ser: es una ontología. Lo semejante aspira a lo semejante: «Si el ojo no fuera de naturaleza solar | ¿cómo podríamos mirar la luz?», dice

haciéndose eco del platonismo de Plotino.[14] Lo que en términos místicos quiere decir: «Y si él no está en ti, ¿cómo te vería
él, cómo estarías tú presente en él? [...] Pues él te contempla
con la misma mirada con que tú le contemplas.»[15] En otros
textos, como *Cuerpo espiritual y tierra celeste o Tiempo cíclico*,
profundiza en el antiguo mundo persa, con sus mitos y sus
motivos —*Dāenā*, *Zaymat*, *Anahita*, entre otros. La obra de
Corbin es una de las fuentes de referencia del último Cirlot,
el poeta, autor de *Bronwyn*, que dedicó a *Daêna*, la *sakina*
sufí, precisamente su poemario. Y no deja de ser curioso que
el propio Corbin cite entre sus precedentes un estudio de
Eugenio d'Ors sobre la angelología, que fue de donde también debió de partir Cirlot.

5   HINDUISMO Y SIMBOLISMO: COOMARASWAMY, ZIMMER

Fuente de símbolos es también el entrañable mundo hindú,
que ya atrajo la atención de grandes figuras alemanas como
Goethe y Schopenhauer. El mundo hindú empezó a interesar
ya desde el siglo XIX, con el redescubrimiento de Kalidasa,
Amaru, Wyasa y otros autores. También en el siglo XX se hizo
más patente con los estudios sobre el sánscrito —que aprovechó
el mismo Saussure— y los textos clásicos de los Vedas. En el
campo de la simbología han sido claves los estudios sobre los
mitos y sobre el arte, los primeros realizados por un alemán,

---

[14] Citado por CIRLOT, *Diccionario de símbolos*, p. 345.
[15] Henry CORBIN, *El hombre de luz en el sufismo iranio*, Siruela, Madrid,
2000, p. 105.

Heinrich Zimmer, y los segundos realizados por un hindú más tarde residente en Norteamérica, Ananda K. Coomaraswamy. La obra de Zimmer resulta interesante, en primer lugar, por aquel saber contar y decir, y de hacerlo con gracia y habilidad, lo que lo lleva a recrear el símbolo en el terreno del mito y del arte. En segundo lugar, por su inmersión en *Filosofías de la India* en sus distintas vertientes y manifestaciones, haciendo un recorrido del tiempo a la eternidad, o en el yoga (*Yoga y budismo*). No podemos olvidar sus incursiones en temas occidentales, como los del mundo artúrico de *El rey y el cadáver*. Para él, los símbolos causan conmoción porque están vivos. Es lo que ocurre en *Mitos y símbolos de la India*, su obra de referencia. Allí, el autor germano penetra en el cosmos hindú y muestra su *fluir*: la idea de que no hay nada estático, que todo se mueve, todo pasa. Todo el *fluir* de un proceso inexorable es lo que aparece bajo el relato de las hormigas, la *Mâyâ* de Visnu —¿qué es real?—, la danza de Siva o el doble aspecto de Kali: donación y devoración. ¿Cómo entender los cambios? ¿Los entendía acaso Segismundo en *La vida es sueño* de Calderón? Zimmer acaba con un relato: el tesoro que buscamos es necesario ir para verlo, no está lejos. El tesoro somos nosotros mismos; lo que buscábamos fuera, está dentro.[16]

El otro estudioso de la simbología hindú, Ananda K. Coomaraswamy, autor de *Arte tradicional y simbolismo* en la edición inglesa, o *El gran escalofrío* en la versión italiana, es otro de los prodigios en la materia. En ese volumen recoge trabajos de gran envergadura, que se reparten en aspectos concretos —los símbolos del cielo o la cúpula, por ejemplo— y en

---

[16] Heinrich ZIMMER, *Mitos y símbolos de la India*, Siruela, Madrid, 1995, p. 205-209.

aspectos más generales, como el «simbolismo literario». En este, precisamente, lleva a cabo la distinción fundamental entre el simbolismo «que busca», el literario, adjudicable a un tiempo y lugar, y el simbolismo «que sabe», el tradicional, propio de la tradición perenne.[17] El «simbolismo que busca» es el de los poetas llamados *simbolistas*, dice, y que, como tales, se expresan a sí mismos. Podrían ser los casos de Lautréamont y Baudelaire, de la época del simbolismo francés, o Rilke, dentro de las vanguardias germánicas. El «simbolismo que sabe», por su parte, es el lenguaje «universal de la Tradición» —añade—: es decir, un lenguaje que «va más allá de la confusión de lenguas, y no está adscrito a ningún lugar ni tiempo» en particular.[18] Puede haber poetas que se encuentren a la vez en ambos campos, pero se trata de casos siempre extraordinarios, como el de William Blake.

Coomaraswamy, con una documentación que apabulla, llega a seducir al lector, si este no tiene prisa, y lo hace pasear por Oriente y Occidente fustigando el mundo actual y defendiendo el arte tradicional y la teoría de la belleza y la unidad, sobre todo si tienen que ver con la Edad Media, como se aprecia en varias de sus publicaciones: *Sobre la doctrina tradicional del arte, Teoría medieval de la belleza, Tiempo y eternidad* y *La transformación de la naturaleza en arte*. Otro libro suyo muy conocido, que ha hecho fortuna en el mundo editorial, es *La danza de Śiva*, con su estudio sobre el éxtasis, que se relaciona con la música de Scriabin. Y también tenemos, entre otros, dos clásicos de las doctrinas hindúes:

[17] Ananda Kentish COOMARASWAMY, «Il simbolismo letterario», en *Il grande brivido*, Adelphi, Milán, 1987, p. 275-283.
[18] *Ibidem*.

Hinduismo y budismo y *Buda y el evangelio del budismo*, que nos sitúan en la otra gran vertiente del mundo de la India, con sus doctrinas, sus prácticas y sus mitos. Ciertamente, no se trata de un autor fácil, debido a su enorme documentación y sus frecuentes incisos y notas. Suya también es una adaptación, esta vez muy amena, ya vertida al castellano, del gran poema épico *Rāmāyaṇa*, de Valmiki —el Homero hindú—, que cuenta los avatares de Rāma, encarnación de Visnu, y el rescate de la esposa raptada; una bella historia mítica. En lo que se refiere al mundo hindú y oriental, en Barcelona hay un amplio número de seguidores, estudiosos y difusores, sobre todo en torno a las universidades Pompeu Fabra y Autónoma y al mundo poético y editorial, cuya cabeza más visible es Raimon Panikkar.

6 LOS GRANDES DIFUSORES: ELIADE, BACHELARD, DURAND, GUÉNON

Una visión general, divulgadora, inteligible, de los temas simbólicos, ahora dentro del ámbito de diversas civilizaciones y de la historia de las religiones, es la de Mircea Eliade, autor nacido en Rumanía, uno de los más valorados tratadistas del tema. Cierta universalidad en el simbolismo del centro, en el de la ascensión, en su concepción del *homo religiosus* y la noción de *hierofanía* —manifestación de lo trascendente en lo real—, está entre lo más atractivo de su obra. De entrada, resulta muy sugestivo el *Tratado de historia de las religiones*, así como *Lo sagrado y lo profano*, que es lo mismo pero en síntesis. Defiende Eliade en ambas obras lo sagrado como manifestación de *otra cosa* y emplaza en ese ámbito al *hombre religioso*, al que sitúa ante el espacio, el tiempo, la naturaleza y lo sagrado cósmico. Señala que en el mundo moderno se ha producido un proceso de *desacralización*, pero que el hombre *no religioso* tiene sus huellas, aunque no ande por su camino. ¿Puede abolirse todo de repente? No es fácil. Unos pocos ejemplos le bastan para convencernos: el cine es una fábrica de sueños, una lectura es como sumergirse en *otro tiempo*, o la desnudez es como la nostalgia del paraíso.[19]

La obra de Eliade es muy conocida en el ámbito hispánico gracias a la difusión que se hizo de él en varias editoriales. Sobre todo a partir de los setenta, especialmente en ediciones de bolsillo, cuando aparecieron obras como *Mefistófeles y el andrógino, El mito del eterno retorno, Mito y realidad, Herreros y alquimistas* o el mismo *Lo sagrado y lo profano*, sin olvidar otros títulos como *La búsqueda, Yoga, inmortalidad y libertad, Cosmología y alquimia babilónicas, Iniciaciones místicas, Imágenes y símbolos, El vuelo mágico* y *Sueños, mitos y misterios*, entre otras. Son todas ellas obras accesibles, de fácil lectura por la seducción verbal que el autor ejerce sobre el lector, con su lenguaje ameno y su capacidad expresiva. Eliade es también conocido por otras obras de gran entidad y mayor envergadura, como el *Diccionario de las religiones* en colaboración con Ioan Petru Couliano, o su monumental *Historia de las creencias y las ideas religiosas*, que va desde la prehistoria a nuestros días, en Oriente y Occidente; y por último, podemos mencionar *Dioses, diosas y mitos de la Creación*. Aparte de ello, están sus obras narrativas y sus diarios.

---

[19] Mircea ELIADE, *Lo sagrado y lo profano*, Labor, Barcelona, 1957, p. 19-20 y 64-65.

Otra de las líneas de la simbología —esta vez en el ámbito de la cultura francesa— es la que parte de la imaginación de la materia, como es la de Gaston Bachelard, para dar un paso más en profundidad y complejidad en manos de su seguidor Gilbert Durand, que destacó con su estructuración antropológica del imaginario. ¿Quién no conoce los libros de Bachelard sobre los cuatro elementos? Cada cual puede tener sus preferencias, pero la *Poética del espacio* es quizás la obra que mejor lo define, una maravilla. Atrae, entre otros motivos, porque tiene el poder de hacer una poesía él mismo, a veces superior a la de los poetas que cita. Esa poesía de lo suave, de lo cálido, de lo redondo; el simbolismo de lo íntimo, asociado al simbolismo de la construcción y del cobijo, llámese casa, nido, choza o buhardilla. Así, su imaginario apunta a la idea de mansión, cuna, o lo que es lo mismo, cuerpo: de lo que se trata es de *leer la casa*.[20] Desde la cabaña protegida a la coraza protectora. Armadura, tortuga, cáliz. Porque el espacio de Bachelard es un espacio *feliz*, habitable: es una morada. Y cuando trata de lo amplio, que llama *inmensidad*, sigue siendo cercano, humano y entrañable: la inmensidad ínfima, como las miniaturas, las alas o las almas. Y las visiones de los adentros y los afueras: la espiral, la sombra o la copa. No nos habla del sueño y sus malos tintes, del sueño nocturno, sino de ensoñación. No llama al durmiente, sino al soñador. Por eso, muchos de sus libros llevan en el título la palabra sueños y sus derivados, y otros, aunque no los lleven, tratan de ellos: *El aire y los sueños*, *El agua y los sueños*, *Poética de la ensoñación*, *El derecho a soñar*, *La tierra y los ensueños*

---

[20] Gaston BACHELARD, «Casa y universo», en *Poética del espacio*, Fondo de Cultura Económica, México D. F., 1965, p. 70.

de la voluntad y *Psicoanálisis del fuego*. No está en pugna con el universo: su verbo es conciliador. Tal vez con él se perdió algo tan raro en el intelectual: la hospitalidad. Aunque también hay espacio para el desgarro, como en esas páginas de su libro *Lautréamont*.

Tras él, con esa característica tan propia del alma francesa que consiste en ser difusora de cultura, está su discípulo Gilbert Durand, que se convirtió en otro de los maestros del imaginario, poniendo en circulación en el ámbito de la cultura europea nuevas perspectivas, como son las nociones de estructuras y mitocrítica. El volumen fundamental de Durand es *Estructuras antropológicas del imaginario*, subtitulado *Introducción a la arquetipología general*, que se divide, después de explicar concienzudamente su metodología, en tres libros. El libro primero, sobre el *régimen diurno de la imagen*, tiene dos partes: la dedicada a los rostros del tiempo (símbolos teriomorfos, nictomorfos y catamorfos) y la dedicada al cetro y la espada (símbolos ascensionales, espectaculares y diairéticos). El libro segundo, sobre el *régimen nocturno de la imagen*, se divide en tres partes: el descenso y la copa (símbolos de inversión, de la intimidad y estructuras místicas), del denario al bastón (símbolos cíclicos, del esquema rítmico al mito del progreso, estructuras sintéticas y estilos de la historia, mitos y semantismo). El libro tercero es una serie de «Elementos para una fantástica trascendental» (arquetipos, espacio, eufemismo). A esta obra, que ya citó Cirlot en su momento, la siguen otras de la entidad de *Introducción a la mitología* o mitocrítica y *Bellas artes y arquetipos*. Una buena síntesis de su pensamiento, en castellano, es la que aparece en su obra *La imaginación simbólica*. Para Durand, el símbolo es la epifanía de un misterio. Pero el gran éxito de esta metodología durandiana —y nunca mejor dicho— está en la infinidad de sus continuadores, generalmente en centros universitarios, y la amplitud de áreas a la que es aplicable. De ahí que tenga seguidores en multitud de campos y lugares, como el del grupo GRIM, creado por Alain Verjat, profesor de filología francesa de la Universidad de Barcelona.

Desde una *perspectiva metafísica tradicional*, como se ha dicho, se distingue el simbolismo de otro autor francés, este de cariz más solitario, René Guénon, autor de una obra controvertida y original. Guénon ha sido uno de esos seres inquietos que ha pasado por diversos ámbitos para centrarse sobre todo en el mundo hindú y el árabe. De paso, se enfrenta al *reino de la cantidad* y al teosofismo. Pero lo más interesante es su *quête*, su búsqueda. Por eso, resulta especialmente llamativa su obra *Símbolos fundamentales de la ciencia sagrada*, una especie de enciclopedia de símbolos que, arrancando del *corazón*, se lanza a una búsqueda del centro y lo halla, como imagen de la unidad primordial, en la cruz, los monumentos druídicos, la ciudad del sol, el zodíaco, el polo, la letra G, el graal, el arco iris y, en conjunto, en el tejido o árbol de la arquitectura. El centro es pulso, corazón, origen, movimiento, punto vivificador, eje del mundo y unidad primordial. El centro y también los ternarios y los distintos estados del ser. Por eso, junto al libro antes citado, resaltan títulos también de obras suyas como *El rey del mundo*, ejemplo de la *quête* del centro; *El esoterismo de Dante* y *La gran tríada*, que estudian el simbolismo de los ternarios; y *Simbolismo de la cruz* y *El hombre y su devenir según el vedanta*, sobre metafísica oriental. Se crea así un universo fascinante en torno a un mundo de símbolos esenciales que ha creado también escuela en Barcelona.

7 LA ATMÓSFERA DE SCHNEIDER: CIRLOT, ZOLLA, GODWIN

Finalmente, tenemos, entre otras muchas tendencias de la simbología, una de las más interesantes, aquella que podemos relacionar con el mundo de Kircher y algunas fuentes hindúes: la que se centra en las ideas de cosmogonía y origen. Se trata de una tendencia en cierto modo germánica o germanizada, o cuando menos anglo-germánica. Marius Schneider representa aquí el inicio de esta línea simbólica, a la que siguen, de cerca o de lejos, Juan-Eduardo Cirlot, Elémire Zolla y Joscelyn Godwin, el último más como traductor y difusor, pues tiene su línea propia. La obra de Schneider, enraizado en ciertas tradiciones hindúes y africanas y en los mundos de Kircher y Louis Hoyack, se funda sobre la noción de «ritmo común», sujeta a una ordenación, casi mística, del universo, como se aprecia en *El origen musical de los animales-símbolos*, que escribió en Barcelona en 1946, donde asocia distintos órdenes de la realidad en torno a unos ritmos guía. Pero la labor de Schneider, creador de cosmogonías, no acaba aquí. Además de *La danza de espadas*, *Cantan las piedras* y *Música primitiva*, que le siguen, tiene en su haber otros libros, como *El significado de la música*, verdadero cosmos simbólico, y el siempre citado *Cosmogonía*, una obra ingente que dejó inédita e inconclusa. Se trata ahora de una visión sobre un arte que es un modelo del mundo o una metafísica. Schneider sigue fiel a las ideas de *cosmogonía y origen*, que vertebran sus constelaciones de símbolos. El canto, los instrumentos, el ritmo musical, la voz humana, incluso la *palabra de luz*: todo le sirve. Por eso, leerlo es entender también a los otros.

Su mejor intérprete, en España al menos, como he dicho muchas veces, fue Juan-Eduardo Cirlot, quien le dedicó su *Diccionario de símbolos.*

Y en una línea cercana está Elémire Zolla, uno de los amigos de Schneider, con uno de los más bellos libros sobre los símbolos escritos a finales de siglo pasado, *Uscite dal mondo* ('Salid del mundo'). Libro sabio, admirable; hombre sabio, admirable. Zolla recoge aquí las principales líneas de su pensamiento. Por un lado, critica la realidad virtual, que reduce nuestra imaginación y nuestra experiencia; y por otro, lleva a cabo distintas calas en torno a la utopía, el mundo primordial (el chamanismo, lo sacro, las runas y el zodíaco, Mitra) y diversas figuras cruciales de la cultura (el Bosco, Dumézil, Eliade, Idel, Schneider y otros, donde aúna la profundidad del trazo y la magia del decir). Lo que pide es salir de un espacio reductor para entrar en *Lo stupore infantile* —título de otra de sus mejores obras—: la fiesta, el mito y el yoga. El conocimiento simbólico, como acceso a las modalidades supremas, incluido el éxtasis a través del vértigo. Admirador de Schneider, según confiesa en *Un destino itinerante,* se manifiesta de esa forma contra esa antropología negativa del hombre, que es dia-bólico y debería ser sim-bólico. Por eso, Zolla no cesa de apabullarnos con su verbo y sus publicaciones, muchas de ellas ahora vertidas al castellano, como *Las tres vías, ¿Qué es la tradición?, Introducción a la alquimia, La nube del telar, Androginia, Auras, La amante invisible, Los místicos de Occidente* y otras.

Otras líneas tiene la simbología, con autores como Rudolf Otto, Carl Kerényi, Julius Evola o Titus Burckhardt, por citar solo unos pocos; algunos de ellos recogidos en *La simbología. Grandes figuras de la ciencia de los símbolos.* Entendemos que el lector se encontrará enseguida con ellos cuando haya empezado a caminar por los que aquí se le han presentado. La simbología es una vía. La vivencia del símbolo está en recorrer el camino.

II

MARIUS SCHNEIDER: EL SONIDO CREADOR Y LOS HINDÚES

En el principio era la Danza y la Danza era el Ritmo [...]. La danza estuvo en el origen del arte sincrético del hombre primitivo.

SERGE LIFAR

El agua es la esencia de la tierra. Las plantas son la esencia del agua. La esencia de las plantas es el hombre. La esencia del hombre es la palabra. La esencia de la palabra es el himno («rc»). La esencia del himno es el canto (sāman).

CHĀNDOGYA UPANISHAD

El símbolo es la manifestación ideológica del ritmo místico de la creación y el grado de veracidad atribuido al símbolo es una expresión del respeto que el hombre es capaz de conceder a este ritmo símbolo.

MARIUS SCHNEIDER

I LA COSMOGONÍA Y EL ORIGEN

Se cumplirán ahora setenta años desde que *La danza de espadas y la tarantela*, de Marius Schneider, viera por primera vez la luz en Barcelona, en 1948. Desde entonces ninguna edición, fuera de resúmenes o fragmentos publicados en colecciones o en revistas, había aparecido en el mercado. Se hacía necesario, por ello, la recuperación de este libro, sobre todo después de reeditado *El origen musical de los animales-símbolos* por Siruela, del que es continuación y complemento. Eso es lo que ha hecho la Institución Fernando el Católico de Zaragoza: reeditarlo. Se hace justicia con ello a uno de los máximos simbólogos de nuestro tiempo. Ambos libros, por otra parte, serían la culminación del período hispánico de Schneider, que ocupa los años cuarenta y parte de los cincuenta, período en el que residió en Barcelona, hasta que regresó definitivamente a Alemania. De hecho, el *período hispánico* de Schneider fue el más floreciente y definitivo de su carrera como etnomusicólogo. Todo comienza el 18 de diciembre de 1943, cuando Higinio Anglès Pàmies, el conocido musicólogo catalán, que acababa de publicar *La música en el tiempo de los Reyes Católicos* (1941) y *La música española desde la Edad Media a nuestros días* (1941), envía una carta a un investigador que entonces vivía en París, Marius Schneider, en la que le decía:

> El director del Instituto Español de Musicología tiene el honor de invitarle a trabajar una temporada en nuestro Instituto de Barcelona, a fin de que Vd. conozca más de cerca la canción popular española. Así, podrá Vd., con sus grandes conocimientos sobre la materia, ayudarnos al esclarecimiento de nuestro patrimonio tradicional y escribir después, para nuestro Instituto, una monografía sobre música popular de España y de Marruecos comparada con la de otros países.[1]

Para muchos, Schneider era un desconocido, pero no para Anglès, que había estudiado en el extranjero y conocía muy

---

[1]   Carta conservada entre sus papeles del Consejo Superior de Investigaciones Científicas de Barcelona.

bien el ambiente musical germánico de principios de siglo. El autor invitado tenía entonces cuarenta años (había nacido en 1903) y se había formado (con estudios de piano, filosofía y etnomusicología) en Alemania y Francia con insignes maestros, como Maurice Ravel, Curt Sachs, Johannes Wolf y Erich Moritz von Hornbostel. Había trabajado en el Archivo Fonográfico de Berlín junto a Sachs y a Moritz von Hornbostel, y había publicado sus primeras obras en alemán, singularmente *Die Ars Nova des XIV. Jahrhunderts in Frankreich und Italien* (1930), su tesis doctoral, y *Geschichte der Mehrstimmigkeit. Historische und Phänomenologische* (1934), una historia de la polifonía en la que ya apostaba por ciertas consideraciones musicales, como la defensa de una cosmogonía, la preocupación por el origen, el interés por el Oriente místico, la valoración de la voz y del canto, la concepción del poder mágico del sonido y el enaltecimiento de la música como ciencia. Así, en el *Ars Nova*, por ejemplo, citaba unos versos reivindicativos de Guillaume de Machaut que comentaban el último de los aspectos, como si se tratase ya de un ritual de la tarantela:

> Et musique est une science
> Que vuet qu'on rie et chante et dence.
> Cure n'a de merencolie;[2]

Mientras que en *Geschichte der Mehrstimmigkeit* prestaba atención a las tradiciones *otras* —Asia, África, América— y mostraba su predilección por la música comparada. Luego había pasado un tiempo deambulando, observando otras culturas, especialmente en África, donde estuvo en contacto

---

[2] Marius SCHNEIDER, *Die Ars Nova des XIV. Jahrhunderts in Frankreich und Italien*, Postdam, Berlín, 1930, p. 75.

con ciertas tribus negras, de paso, a la vez que ejercía de espía, hasta que aparece en París. Schneider era la figura que Higinio Anglès necesitaba: un intelectual inteligente, metódico, entusiasta y activo.

La respuesta no se hizo esperar y el insólito etnomusicólogo alemán apareció con su sonrisa franca y su peinado hacia atrás, y se incorporó al equipo del *Anuario Musical*,[3] el órgano de expresión del Instituto Español de Musicología del Consejo Superior de Investigaciones Científicas, donde se relacionó con importantes figuras del momento, como Josep Romeu i Figueras, José Antonio de Donostia, Miguel Querol, Arcadio de Larrea o el mismo Higinio Anglès. Un carnet de lector de la Biblioteca de Cataluña, que estaba al lado, nos lo muestra en la época con el título de «doctor» y la profesión de «musicólogo». ¿O seguía ejerciendo el espionaje? Residiendo en Vía Layetana 79, por donde en el mismo momento Carmen Laforet hacía pasear a su personaje Andrea, protagonista de *Nada*, camino de la catedral: dos caminos, uno de la imaginación y otro del simbolismo; los dos de creación. Poco después paseaba con su discípulo Juan-Eduardo Cirlot por las calles de los alrededores de la Bonanova, y le transmitía *summas* simbológicas en su discurso oral, a la antigua usanza, mientras caminaban. Por esta época (1947) fue también profesor de musicología de la Universidad de Barcelona. Mientras tanto, las publicaciones iban apareciendo y Schneider, con el sello del Consejo Superior de Investigaciones Científicas, llegó a editar importantes ensayos sobre

---

[3]   En las páginas finales de la revista *Anuario Musical*, vol. II (Barcelona, 1947), en la sección «Actividades del Instituto Español de Musicología» aparece su nombre entre «el personal adscrito con carácter permanente», p. 217.

etnología musical ibérica, como «Los cantos de lluvia en España», así como sus dos grandes monografías de entonces, las ya mencionadas *El origen musical de los animales-símbolos en la mitología y la escultura antiguas. Ensayo histórico-etnográfico sobre la subestructura totemística y megalítica de las altas culturas y su supervivencia en el folklore español* (1946) y *La danza de espadas y la tarantela. Ensayo musicológico, etnográfico y arqueológico sobre los ritos medicinales* (1948). Estas obras, junto con otras del momento aparecidas en publicaciones diversas (*Arbor, Clavileño, Enciclopedia Labor VII,* entre otras), son lo que configura lo esencial de su *período español*, y, a fin de cuentas, la culminación de su pensamiento y la base de su obra futura. Los temas tratados en ellas eran el influjo árabe, la tarantela, la canción de cuna, los cantos de lluvia, la relación entre melodía y lengua, el villancico, el mito de Don Juan, el canto gregoriano, la esencia de la música y los orígenes de la música. Es un corpus todavía no recogido en libro. En él destacan dos nociones que sustentan todos sus escritos: la del *sonido generatriz* y la del *ritmo común*.

La presencia de Schneider en el entorno barcelonés, en aquel momento, su actividad analítica y la valoración de su método en el estudio, singularmente de la canción tradicional, es valorada por Romeu i Figueras, quien, en su libro *El mito de «El Comte Arnau»* (1948), al realizar un análisis comparativo de distintas versiones musicales, escribe:

> Nuestro admirado amigo y profesor, el Dr. Don Marius Schneider, del Instituto Español de Musicología del Consejo Superior de Investigaciones Científicas, cuyas aportaciones a la etnología musical alcanzan un interés realmente extraordinario, ha estudiado y analizado las veintiuna versiones musicales, publicadas e

inéditas, que poseemos, aplicando en la canción popular el método comparativo tan felizmente descubierto por él.[4]

2   TEORÍA DE LAS CORRESPONDENCIAS

El origen musical de los animales-símbolos (1946) es su obra maestra, la Biblia de su pensamiento musical, cima de lo que publicó antes y el referente de todo lo que publicó después. En ella se exponen y se aplican sus visiones esenciales sobre las correspondencias místicas y la analogía musical: la del ritmo-símbolo, la de los puentes verticales, la de Géminis y los símbolos de inversión, la de una cosmogonía, en suma, una concepción que remite a los sistemas de las culturas de pueblos africanos entre quienes vivió (su caso evoca, aunque dentro de la segunda guerra, al Frobenius de la primera guerra), a las tradiciones ancestrales que llevan al mundo védico y posvédico, incluidos los tratados de música, a algunas figuras de la tradición germánica, y a las teorías de Hayack en su libro *Le symbolisme de l'univers* (1930); todo ello, siempre pasado por el tamiz de sus propias observaciones e intuiciones. Schneider incide en su interés por las altas culturas megalíticas y señala las nociones del centro generatriz y los círculos concéntricos, expansivos y radiales, un tejido de relaciones y ciertos ritmos, como hilos conductores de su trabajo. Luego, en varios capítulos avanza siguiendo un orden y entrando en los distintos reinos: cantan los animales, cantan los hombres, cantan las piedras,

---

[4]   Josep Romeu i Figueras, *El mito de «El Comte Arnau» en la canción popular, la tradición legendaria y la literatura*, Consejo Superior de Investigaciones Científicas, Barcelona, 1948, p. 244.

cantan los planetas, cantan los elementos; y, para cerrar, un capítulo magnífico, y el más extenso de todos, canta el cosmos. Pero la idea directriz siempre es la misma: el universo es canto, y todo se origina de ahí, como señalan las Upanishads, especialmente las antiguas: la del Gran Āranyaka y la Chāndogya.

En «Cantan los animales» lo fundamental es el sistema de correspondencias en virtud del cual unos pocos *ritmos-símbolo* o *ritmos comunes* conectan los diferentes planos de la realidad, donde cada cosa o ser tiene su propia melodía. «El pensar místico —dice— atribuye a estos ritmos comunes una realidad absoluta.»[5] Puede haber un *ritmo de la cólera*, que se manifiesta tanto en el rugido de la tempestad o el bramido del mar como en la furia de los animales o en la ira de los seres humanos. Puede haber un *ritmo ambulante*, aplicable tanto al paso titubeante de una hormiga o al cimbreo de una camella como a la marcha atronadora de un automóvil. Escribe Schneider:

> Hay que admitir que la forma exterior de los individuos o de los objetos es de poca monta y que existe algo esencial y oculto bajo las formas exteriores: son los espíritus, que nos invaden, o, en nuestro lenguaje, estos fenómenos dinámicos complejos que llamamos ritmos.[6]

Hay *ritmos típicos* que se concretan en distintos planos de la naturaleza, ya sea como cuadrúpedo amable, como pájaro de canto cautivador, como primavera rumorosa y dulce o como

[5] Marius SCHNEIDER, *El origen musical de los animales-símbolos*, Consejo Superior de Investigaciones Científicas, Barcelona, 1946, p. 21
[6] *Ibid.*, p. 22.

lo contrario. Schneider habla de ritmos *generales* y de ritmos *típicos*, de ritmos incidentales y ritmos accidentales; es decir, de ritmos varios. El mundo, la naturaleza toda, es polirrítmico. Igualmente resalta la importancia de la analogía en el reino animal, donde los seres reaccionan esencialmente por la dinámica del movimiento, por el giro de la movilidad. La araña, por ejemplo, tiene órganos singularmente finos y sensibles para captar todo lo que se mueve en su tela: cada temblor, cada vibración que en aquella se produce. El sonido habla, es un lenguaje, y captarlo es lo primordial. En la selva, por ejemplo, con su peculiar atmósfera de invisibilidad, la oreja se convierte en el órgano más importante para el cazador, en cualquier tipo de caza. Por eso, el oído tiene un papel esencial y el universo de lo acústico resulta tan beneficioso para el ser humano en su intento de interpretar la realidad. De ahí, también, el interés por el lenguaje del tambor y su repetición: «El lenguaje de tambor de los africanos, por ser solo una repetición timbrada de los ritmos lingüísticos (y no un lenguaje convencional de señales), denuncia claramente la estructura rítmica fundamental del lenguaje.»[7] El tambor está hecho con la piel de un animal, y, como tal, es también una resonancia del animal mismo: «Este tambor, llamado vaca, imita a veces incluso los contornos corporales del animal-tótem.»[8] Schneider, en su sistema de analogías, da un paso más y defiende la importancia de la esencial unidad de los sentidos.

En «Cantan los hombres» sigue las tradiciones filosóficas y los sistemas tonales hindúes; en especial, los himnos del Rig Veda, el mundo de las Upanishads y el tratado

---

[7] *Ibid.*, p. 29.
[8] *Ibid.*, p. 40

de música de Sārngadewa, que se remonta al siglo XIII, y
de otro posterior a él, Dāmodara, del siglo XV. «El son no
solo es el principio más alto que une el cielo y la tierra,
sino el único elemento inmortal»,[9] había enunciado, acorde
con la Chāndogya Upanishad; y esa es la base de todo. Así,
mostrará un sistema tonal que está asociado a las siete manos de la mística sílaba *Om*, de acuerdo con las Upanishads
más antiguas: «Las *siete manos* de la sílaba *Om* son los siete
sonidos que se llaman *Shadja, Rishabha, Gandhāra, Mad-
hyama, Pancama, Dhaivata, Nishada.*»[10] Son estos unos sonidos que encuentra equivalentes a la notación occidental:
D, E, F, G, A, B, C. «Las distancias que separan estos sonidos se expresan por medio de la unidad normativa llamada
shrūti»,[11] señala; y, a continuación, distingue dos escalas o
Grāmas que encierran cada una 22 *shrūti*: *Sa Grāma*: en la
adaptación europea, *sol, la, si, do, re, mi, fa, sol,* y en la notación hindú, *ma, pa, dha, ni, sa, ri, ga, ma*; y *Ma Grāma*:
en la adaptación europea, *do, re, mi, fa, sol, la, si, do,* y en
la notación hindú, *ni, sa, ri, ga, ma, pa, dha, ni.*[12] Esto le
permite remontar su sistema de correspondencias a mucho
tiempo atrás: por lo menos a la época de Bharata, ya que «el
sistema musical de aquella época ya se cimentaba seguramente en el mismo fundamento que la teoría expuesta por
Sârngadewa»,[13] según señala.

---

[9]   *Ibid.*, p. 49.
[10]   *Ibid.*, p. 52.
[11]   *Ibidem.*
[12]   Berhnard BLEIBINGER, *The «Capital-gobbler» - Marius Schneider and
the Singing Stones in St. Cugat, Gerona and Ripoll,* Vilamarins, La Plaquetona, Barcelona, 2015, s. p.
[13]   SCHNEIDER, *El origen musical,* p. 56.

En «Cantan las piedras» Schneider presenta el plato fuerte de su teoría etnológico-musical aplicada a un caso real concreto: el de los monasterios del románico catalán, cuyos capiteles lo llevaron, identificando animales —fabulosos, estilizados, normales— y notas musicales, a reconstruir los himnos de los claustros, siempre que la piedra fuera legible. Esta preocupación por los capiteles catalanes no era insólita, pues unas décadas antes, en 1931, la librería Ernest Leroux, junto con la Universidad de París, habían publicado el libro de Jurgis Baltrušaitis *Les chapiteaux de Sant Cugat de Vallès*, donde, en unas ciento cincuenta páginas, repasa las decoraciones de las piedras, lo que no pasaría desapercibido para Schneider, que había estudiado en París. La teoría de Schneider es que las piedras cantan y guardan memoria activa porque las esculturas son música petrificada. Una teoría que no era insólita: se encuentra también en la tradición hermética, sobre todo la relacionada con las grandes construcciones arquitectónicas con esculturas, como las catedrales; pero él le dio nueva vida. Schneider visitó dichos claustros románicos en 1944 con el doctor César Emilio Dubler, y enseguida estableció las oportunas conexiones basándose en los sistemas musicales de Sârngadewa. Primero escribió sobre el claustro del monasterio de Sant Cugat y luego sobre el de la catedral de Gerona —sobre el del monasterio de Ripoll escribiría más tarde. A uno y a otro les aplicó los principios de los sonidos hindúes —*sa, ri, ga, ma, pa, dha, ni*—, que se consideraban contemporáneos de los claustros —y por tanto pertenecerían ambos a una tradición mística anterior ya perdida—, y les fue asignando voces animales, como recuerda también Bleibinger:[14]

---

[14] BLEIBINGER, *The «Capital-gobbler»*, s. p.

el pavo real: *sa*
el buey / el toro: *ri*
la cabra / el tigre: *ga*
la grulla: *ma*
el kokila, ave del amor, cantora, traducida por cuclillo: *pa*
el pez / la rana / la garza real: *dha*
el elefante: *ni*[15]

Sa, *ri*, *ga*, *ma*, *pa*, *dha*, *ni*. El sonido principal, la clave, el origen de los otros seis, era *sa*, el del pavo real, ave de la tarde, que hace de puente entre el día y la noche. Pero como la aplicación de tal sistema no le cuadraba del todo —por ejemplo, había animales, como el gallo, el león y el águila, que no figuraban en Sârngadewa—, tuvo la ocurrencia de comparar entre sí ambas tradiciones medievales, la oriental y la occidental, que tenían la misma fuente, y servirse de la *Musurgia universalis* y de la *Harmonia mundi*, de Kircher, libro extraordinario en tantos sentidos —como señala Gómez de Liaño—, para realizar los convenientes reajustes.

A continuación, para construir los himnos musicales de los claustros, tuvo en cuenta que también había motivos florales y geométricos, que los animales no en todas las ocasiones aparecían seguidos, y que se debía caminar hacia la derecha, siguiendo el curso de la luz solar. Los símbolos tallados en la piedra de los capiteles darían entonces las partituras, como música secreta que eran: piedras que cantan. Música petrificada. Los de Sant Cugat —San Cucufate— darían los tonos que representan la gloria en el claustro del monasterio —patio cuadrado, leones dominantes—, y los de Gerona, los tonos que representan el dolor en el caso de la *Mater*

---

[15] SCHNEIDER, *El origen musical*, p. 52-56.

dolorosa del claustro de la catedral —planta de trapecio, buey dominante—: dos mundos opuestos, quizás, pero complementarios. Schneider logra así la demostración práctica de su teoría: la pervivencia de símbolos musicales, el canto secreto de la piedra, eco de un tiempo inmemorial, y su sentido místico. En el futuro, el capítulo se modificaría y se independizaría —incluyendo el apéndice de *La danza de espadas*, sobre el claustro de Ripoll—, alcanzando luz propia, como libro, en distintos idiomas: *Singende Steine* (1960), *Le chant des pierres* (1976), *Pietre che cantano* (2005). «Todo viene de la piedra y todo vuelve a la piedra»,[16] decía.

En «Cantan los planetas», más breve, sigue la idea de que todo lo que existe está en relación y que todo vibra: hay un ritmo universal, existe un orden cósmico. La teoría de la vibración universal tiene también sus precedentes, pero él sigue caminos propios. Admite que hay una tradición especial, que llega a la Edad Media, concebida como una progresión numérica, matemática: el pitagorismo, que también tiene su complejidad, como se aprecia en la *Vidas de Pitágoras* (2011), de David Hernández. Incluso cita algún concepto o noción como el de *música mundana*, del que habla Boecio en su volumen *Sobre el fundamento de la música*, tratado considerado uno de los mejores del Occidente antiguo. Pero no sigue ese camino. Sigue en pos de su idea de una cosmogonía musical, que elabora esencialmente según principios orientales, chinos e hindúes, sobre todo. Ni siquiera se entretiene en la idea de la *atracción universal* de Kircher: solo la tiene como complemento. De los chinos y los indonesios recoge la noción del «sistema tonal de doce tubos sonoros», denominados *lyu*,

---

[16]   *Ibid.*, p. 218.

vista como una *imagen del mundo*; y de los hindúes toma la idea de un *centro* del que surge todo un sistema que fluye de lo divino a lo vegetal, con el que construye una nueva escala del sonido, descendente, proyectiva —*sol* dioses, *re* hombres, *la* gandharvas, *mi* ganado, *si* manes, *fa* asuras, *do* hierbas—, al que siguen otros sistemas tonales; posteriormente los coteja todos y llega a la conclusión de que la «disposición de este sistema tonal debe de representar la tradición común a Sârngadewa y a los claustros románicos» y que no se parece en nada a la tradición griega, basada en los planetas, una concepción *geocéntrica* o *heliocéntrica*, en que aparecen: *do* Saturno, *re* Júpiter, *mi* Marte, *fa* Sol Luna, *sol* Venus, *la* Mercurio, *si* Luna Sol, *do* Saturno.[17] Se aleja así, una vez más, del mundo helénico: ¿sospechaba él, como otros, que sus mitos habían sido «adulterados»? En el Apéndice I del libro, «El sistema tonal greco-bizantino», tuvo la ocasión de manifestarlo.

En «Cantan los elementos» advierte de los desvíos a los que se expone el hombre civilizado, demasiado entregado a su fe en la ciencia positiva, cuando se aparta de los llamados primitivos; y propone una vuelta al origen, en busca de un «ritmo creador, un ritmo verdadero de la naturaleza (y no un ritmo artificialmente creado)».[18] Es algo que volverá a repetir más tarde en «Algunas reflexiones sobre la esencia de la música» en la *Enciclopedia Labor VII* (1957). Para ello defiende el valor metafísico de la música, una verdad que necesariamente debe manifestarse, cantar: «La idea de que una verdad tiene que "cantar" parece constituir un fundamento de aquel pensar antiguo que en su estado de

---

[17] *Ibid.*, p. 111.
[18] *Ibid.*, p. 116.

evolución más alto llegó a constituir el cosmos como una armonía, según una cadena muy lógica del pensar místico.»[19] Lo que busca es una metafísica del sonido, en la que es básico el ritmo acústico. De ahí la importancia que concede al cantar y al tamborilear en ciertas culturas. El oído es de nuevo un órgano vital. Schneider defiende una visión analógica del universo basada en la vibración simpática y en el poder rítmico de los cuatro elementos —cada uno con su timbre propio—:

> Al nacer en el centro del círculo este ritmo creador se divide en cuatro ritmos principales, dirigidos respectivamente hacia *fa, do, sol, re, la, mi, si, fa*, y al propagarse desde el centro hacia la periferia cada uno de ellos adopta varios aspectos de ritmos típicos cuyos timbres van materializándose más y más y se especifican en los diferentes campos análogos (sonidos, vocales, astros, animales, etc.).[20]

Así ofrece una serie de correspondencias místicas entre los elementos, los objetos y las ideas más diversas. Luego se explaya teorizando sobre el simbolismo de los instrumentos musicales del mundo de la naturaleza según la mitología indo-aria. Así, por ejemplo, según los ritmos-símbolos de los cuatro elementos: los cabellos (fuego: *fa*) desempeñarían un alto papel simbólico en el reino de las fieras (tierra: *la*), como las plumas (aire: *re*) lo desempeñarían en el de los pájaros, o las escamas (agua: *si*) en los de los peces. Resalta también el lenguaje propio de las repeticiones, su poder evocador: la importancia de las variaciones, de los homófonos, de las onomatopeyas, y, en

[19] *Ibid.*, p. 117.
[20] *Ibid.*, p. 121-122.

particular, de ciertas sílabas, como *Om*, clave en el simbolismo místico: «El sonido es la base del pensar místico.»[21]

En «Canta el cosmos» tenemos un ensayo de condensación de toda su teoría musical. Schneider empieza hablando de los *ritmos simpáticos*, que se refieren a todo aquello cuyo ritmo fundamental resulte acorde con el ritmo y timbre de un sonido determinado, y a continuación va repasando los instrumentos musicales, uno a uno (laúd, tambor, caracol, trompeta, flauta, litófonos, metalófonos, arco, cítara, oboe, arpa, cascabeles, campanas, cuernos, zampoña, concha marina, triángulo, etc.), para pasar por el mundo zodiacal (celeste, tan bello en la noche), por los símbolos de inversión, los grupos ideológicos de cada sonido con sus rasgos característicos (elemento, astro, color, sentido, animales, símbolos, números, ideología y personas), por los ritos de prosperidad, señalando algunos aspectos de los bailes y las danzas (entre ellas, jota y flamenco, relacionados con los ritos de lluvia de la cultura del Megalítico y las intersecciones cielo-tierra en su sistema de correspondencias), para acabar hablando del árbol de la vida, del mito de Géminis y de la medicina megalítica. Pero lo más importante, lo central, es su visión de las relaciones entre el cielo y la tierra, que engarza con la geografía del mito de Géminis, según ciertas culturas ancestrales, una de sus mayores contribuciones a la simbología. No conocemos corpus más sugestivo en este ámbito.

La del mito de Géminis es una teoría musical con una constelación de símbolos plasmada en un paisaje místico, de forma antropomórfica, inscrito entre círculos. En la parte superior se encuentra la mandorla, con la cabeza junto a la

[21]   *Ibid.*, p. 142.

que se alza la rocosa montaña de Marte, lugar de los antepasados. A los lados, coincidiendo con los brazos, los ríos del nacimiento (río *re*) y de la muerte o del olvido (río *si-fa*) forman la zona de la montaña, relacionada con el cielo. En la parte inferior, los pies abiertos en forma de triángulo, las llanuras, la zona del valle, relacionada con la tierra. La mandorla, formada por la intersección de ambos mundos, constituye la entrada al cielo, y Géminis, atravesado por un tambor en forma de reloj de arena, es una imagen del mundo y un símbolo de inversión: «Lo que es cuerpo en el valle terrestre es espíritu en la montaña celestial, y viceversa: lo que fue espiritual en el mundo terrestre se vuelve materia (roca) en la mandorla»,[22] dice. Y añade: «Destruir en la tierra es construir en la montaña celeste, construir en la montaña es destruir en la tierra», y «Todo lo que vale procede de un sacrificio».[23] Resalta así el doble aspecto de Géminis, una escritura metafísica, de sentido. Para apoyar su teoría del simbolismo de la inversión, Schneider evoca la figura de Siva, el dios del doble aspecto, construcción y destrucción, que lleva precisamente un tambor en forma de reloj de arena —como recuerdan Zimmer y Coomaraswamy en *Mitos y símbolos de la India* y en *La danza de Siva*—, que tiene un gran valor simbólico. Sobre ello escribe Zimmer: «La mano derecha tiene un pequeño tambor en forma de reloj de arena, para marcar el ritmo. Esto implica sonido, vehículo de la palabra, transmisor de revelación [...], verdad divina.»[24] Tal símbolo, el del tambor en Géminis, es un reflejo de las relaciones necesarias

[22] *Ibid.*, p. 186.
[23] *Ibid.*, p. 187.
[24] Heinrich ZIMMER, *Mitos y símbolos de la India*, Siruela, Madrid, 1995, p. 148.

entre el cielo y la tierra, entre un arriba de dioses y los espíritus, que necesitan ofrendas, y un abajo de hombres, que necesitan salud, bienes y paz. El paisaje de Géminis es el lugar donde se entrecruzan el tambor humano y el divino. Entre ellos se establece un intercambio de intereses, favorable a ambos, como se aprecia en los ritos de la vegetación y en los bailes medicinales, como, por ejemplo, la tarantela. Algunos de estos ritos y símbolos, sobre los que ya hablaron otros, como Eliade («Vegetación, símbolos y ritos de renovación») o Frazer (*La rama dorada*) y el propio Schneider, son también importantes en ciertos puntos de la teoría simbólico-musical de Schneider. Y es aquí donde el autor enlaza con *La danza de espadas y la tarantela*, que apareció un poco después y que consideraba complemento del libro *El origen musical*.

3 LAS DANZAS Y EL MITO DE GÉMINIS

La danza de espadas y la tarantela apareció primero, como un resumen o anticipo, en la revista *Anuario Musical, II* (1947) acompañada de los gráficos correspondientes, imprescindibles para entender el discurso escrito. También aquí se advierte la *jerarquía de unos planos paralelos* dentro de su sistema de *correspondencias místicas*, como en *El origen musical*.[25] Cuando, más tarde, Marius Schneider publica en 1948 el libro, viene de defender una concepción del mundo que se parece mucho a aquella de la Mundaka Upanishad con la imagen de un centro del que emana todo, al modo de una tela de araña: «Y al igual que la araña emite y reabsorbe su hilo [...],

---

[25] Marius SCHNEIDER, «La danza de las espadas y la tarantela», en *Anuario Musical*, vol. II, Barcelona, 1947, p. 41-51.

del mismo modo surge del Eterno toda la creación».[26] Es esa
una concepción donde el mito de la araña está asociado al
dios creador, imagen del sol, benéfico, que emite vida a través
de sus rayos. Schneider ahora va a hablar de unas danzas, y la
danza también es un reflejo del ritmo cósmico: «el arte más
antiguo de la humanidad, la matriz de los ritos que han dado
lugar a todas las formas culturales»;[27] es uno de los elementos del arte total o arte sintético que perseguía Scriabin.[28] Y
Schneider tendrá que vérselas con esos simbolismos: el de la
tarántula, el de la espada y el de los bailes mismos. El tema
tiene su dificultad. Si la espada es un símbolo de purificación
y del sacrificio, como decía Cirlot, la *tarántula* es un símbolo
de la urdidura, de las trampas, asociada a la Gran Madre y el
mundo nocturno, lunar: la araña minera, oscura, la de abajo,
imagen de la muerte (pasajera). Mientras que la «danza es
una poesía generalizada de la acción de los seres vivos», como
señalaba Valéry.[29] Por eso, Schneider reconoce en el Prólogo
que no está ante un tema propio, pese a ser continuación de
El origen musical, pero que lo ha elegido porque él obtendrá
resultados distintos; y es lo que hace. No otra cosa.

Schneider no se remonta a los miedos míticos que los
insectos han producido siempre en zonas cercanas al Mediterráneo desde el Poema de Gilgamesh, con sus arácnidos

---

[26] *Mundaka Up.*, I. 1. 7, en *Les Upanishads. Mundaka, Mandukya, Karika de Guadapda*, Adrien Maisonneuve, París, 1981, p. 8: «De même que l'araig-née emet et résorbe (son fil) [...] de même ici-bas tout nait de l'impérisable.»

[27] Jacinto CHOZA / Jesús GARAY, *Danza de Oriente y danza de Occiden-te*, Thémata, Sevilla, 2006, p. 15.

[28] Manfred KELKEL, *Alexandre Scriabine. Sa vie, l'ésoterisme et le langa-ge musical dans son œuvre*, Librairie Honoré Champion, París, 1984, Libro I, p. 1 Libro II, p. 71.

[29] Citado en Serge LIFAR, *La danza*, Labor, Barcelona, 1968, p. 11.

temibles, como el escorpión; ni tampoco penetra en el mundo medieval para buscar precedentes, aquellos que señala Joscelyn Godwin en *Armonías del cielo y de la tierra*, los del tarantismo; ni revisa la literatura áurea, buscando ejemplos, como hace Bruno Casciano en *Tarantole, tarantolati e tarantelle nella Spagna del Siglo de Oro*, por más que cite a Covarruvias (*Tesoro de la lengua castellana*, 1611), a Kircher (*Musurgia Universalis*, 1650) o a otros autores. Tampoco se sumerge en la historia de la danza europea, como hace Serge Lifar en *La danza*. Ni recurre, como hizo Cirlot, al Scriabin del *Misterium* —seguidor de Helena Petrovna Blavatsky—, en defensa de la idea de un *arte sintético*, con la música, los colores, los perfumes, la poesía y la danza como *arte total* que envuelve todos los sentidos, como la rosa, con su forma circular, perfecta. Ni siquiera cita a un poeta catalán como Maragall, que lo tiene tan cerca, cuando dice: «En la danza está toda la representación de la vida generando todo el arte en peso [...]. Parece que el primer impulso de expansión artística del hombre debió de ser la danza.»[30] Lo que hará es buscar, mediante la relación entre los bailes y los ritos de curación, la reconstrucción de unas corrientes primitivas, las de las altas culturas megalíticas, de las que las danzas son un resto, un testimonio, a fin de demostrar la supervivencia del pensamiento analógico, simbólico y místico, en un mundo infectado de tradiciones y manipulaciones culturales. La tradición decía que, cuando mordían las tarántulas, se producían unos efectos —enrojecimiento, hinchazón, temblores, descontrol, etc.—, y que la enfermedad tenía curación mediante danzas y músicas terapéuticas adecuadas. Pero

---

[30] Joan MARAGALL, *La vida escrita*, Aguilar, Madrid, 1959, p. 97.

Schneider, tras el apabullante catálogo de datos y de citas sobre mordeduras y tarántulas, en que parecía que nos llevaba a otro trabajo académico más, nos sorprende, de pronto, con su teoría del mito de Géminis: la búsqueda de otros orígenes. Ya lo decía Gaudí: «Lo original es volver al origen.»[31] Schneider comienza defendiendo su noción de la esencial unidad de la creación. Así, de nuevo, alerta al lector de las directrices de su sistema de relaciones analógicas:

> Dichas correspondencias se basan en la idea de la indisoluble unidad del universo, en el cual cada fenómeno tiene su posición cósmica y recibe su sentido místico por el plano que ocupa en el mundo y por la relación de analogía que mantiene con un determinado elemento *análogo*, el cual puede ser un astro, un color, un determinado material, un elemento de la Naturaleza, un animal, una parte del cuerpo humano, una época de la vida humana, etc.[32]

Acto seguido, trata de llevar a cabo la aplicación de semejantes teorías a los ritmos medicinales, funerarios y de vegetación. Después presenta cada una de las danzas, la de la tarantela y la de las espadas, dos bailes medicinales, y entra en el aspecto curativo-simbólico de cada uno de ellos. Aborda primero el campo asociativo de la palabra *tarantela* y señala la atmósfera que la acompaña: el rigor de la enfermedad que pretende curar, el ritmo del baile, el color de la música, los instrumentos utilizados; y, de paso, la pone en relación con la jota aragonesa: «En Aragón, el *baile de la tarántula* es una jota, la lengua vernácula de la música aragonesa […].

---

[31] Antoni GAUDÍ, *La originalidad es volver al origen. Aforismos*, Verdehalago, México, 2010, p. 11.

[32] Marius SCHNEIDER, «Prólogo» a *La danza de espadas y la tarantela*, Consejo Superior de Investigaciones Científicas, Barcelona, 1948, p. 7.

La jota aragonesa medicinal tiene otro movimiento que la ordinaria. Se toca aquella mucho más deprisa de lo corriente. "Cuanto más rápido, tanto mejor para el enfermo."»[33] «De esta forma la jota sustituye a la tarantela», añade, cuyos rasgos resultan inequívocos: la tarantela es un baile acelerado para *atarantados*, con una sorpresiva y rica acción gestual: saltos, zambullidos, rodillazos, aullidos, chirridos, trotes, teatralización, coloración, sudoración y malabarismos varios. Parece un baile expresionista, con sus toques disonantes, su aceleración, sus trazos atonales: un baile *obligado*. Un baile que supone una terapéutica y una estética. Y añade testimonios: «Los atarantados dan unos gritos terribles, como las bestias, cada vez que cesa la música», «danzando y cantando *matan la araña*».[34] *Matar la araña* era un ritual ya documentado en otras culturas, por Frazer en *La rama dorada*, y, con él, el ejecutor quedaba libre.[35] Claro que Schneider no se queda solo en la escenografía externa y en el aspecto terapéutico, sino que, basándose en Kircher (*Arte magnética*) y otras fuentes, se refiere también a la teoría de los temperamentos, y define al atarantado como un ser con *humor triste*. La teoría de los humores ya fue defendida por Huarte de San Juan en su *Examen de ingenios para las ciencias*, en el Siglo de Oro, y para quien existen diversas tipologías o caracteres o temperamentos. El del Quijote (*el de la triste figura*), que tanto se parece al atarantado, es uno de ellos. La de los atarantados, entonces, es una danza de inversión de valores y, también, una teatralización del espectáculo mágico del universo.

[33] *Ibid.*, p. 20.
[34] Marius SCHNEIDER, *La danza de espadas*, p. 21 y 25.
[35] James George FRAZER, *La rama dorada*, Fondo de Cultura Económica, México, 1944, p. 592-593.

Posteriormente describe la otra danza, la de las espadas. La espada es el símbolo de la lucha contra los espíritus que producen el mal. Pero esta vez pasa por delante su *sistema de analogías*. Por ello, bajo el título «Las correspondencias místicas», seguido de «El paisaje místico», y en un alarde de verdadera síntesis, circunscribe de nuevo su figura de Géminis, imagen antropomórfica, como un paisaje megalítico, y subraya la oposición de la *montaña* de dos cimas (que tiene detrás el monte metálico de Júpiter, muerte definitiva) y el *valle*, entre los que se juegan momentos esenciales de la vida humana: nacimiento (*re*), noviazgo (*la*), matrimonio (*mi*), senectud (*si*), muerte pasajera o enfermedad, donde se unen agua y fuego (*mar de llamas*).[36] Y destaca su aplicación a los ritos de prosperidad, donde el Géminis médico actúa dirigiendo al enfermo a su curación: el enfermo sufre una muerte pasajera y para curarse necesita hacer unos ritos, símbolos de inversión, para aplacar la cólera de los de arriba, con la que se asocia el mal; estos ejercicios o sacrificios pueden ser, por ejemplo, juegos, danzas o acrobacias. De este modo, mediante un sacrificio, se procura la regeneración. Con la danza de espadas, simbólicamente, se corta el mal. Los bailarines cruzan espadas (*fiebre*), y cuando acaba la lucha (*inversión*) el espíritu de la enfermedad pierde la partida y se aleja a la montaña. De esta manera (venciendo la muerte superficial, enfermedad) se retorna a la vida normal.

Si enfermar es luchar contra la muerte, sanar es recibir la vida. Por eso, al hablar de *curación*, señala que el enfermo debe superar el sufrir y progresar: cuando retorna al radio valle-montaña, relación cielo-tierra, sana; pues los ritos de

---

[36] SCHNEIDER, *La danza de espadas*, p. 32.

curación se producen en lo que es el matrimonio místico entre esos dos mundos. La misma jota, señala Schneider, por ser un baile de prosperidad basado en un ritmo cruzado, se encuentra dentro de la mandorla de Géminis: «Por eso no hay nada de chocante que, en vez de la tarantela, se pueda cantar la jota acelerada, para provocar la inversión (curación)»,[37] escribe Schneider. Jota *acelerada* quiere decir, según Manuela Adamo, que «en vez de ser un compás de ¾, se convierte en un compás de ⁶/₈».[38] Curarse es invertir los papeles. La clave de la sanación está en la sentencia *Similia similibus curantur*,[39] lo similar cura a lo similar; por tanto, los bailes simulan batallas entre dos naturalezas, una clara y otra oscura, una que da vida y otra que la quita, de acuerdo con la *doble naturaleza* de Géminis (en cuyos brazos están el *río de la vida* y el *río de la muerte*). «La enfermedad —escribe Schneider— es un encantamiento […]; el Géminis, un ser encantado.»[40] La sanación es un milagro del canto (piedra y canción). El médico, en el Megalítico, era visto como «un *dios encantado*», y la piedra, «la primera manifestación del sonido o del ritmo creador».[41] Sanar es escapar al propio purgatorio por medio del sacrificio; por eso, Schneider trae aquí a colación los símbolos de inversión de la *Divina comedia* de Dante, donde el purgatorio, por ejemplo, representaría la enfermedad y ocuparía el lugar de la mandorla, zona de inversión.

[37] *Ibid.*, p. 82.
[38] Mari Cruz Soriano, «Charlas con valor. Miguel Ángel Berna y Manuela Adamo. La tarantela», TV de Aragón, *https://www.youtube.com/watch?v=wRGrJsmM3wg.*
[39] Schneider, *La danza de espadas*, p. 83.
[40] *Ibid.*, p. 86.
[41] *Ibid.*, p. 85.

Al referirse a la música, y después de mencionar a Francisco Xavier Cid y a Kircher, dos de sus fuentes favoritas, Schneider sitúa los ritos de la curación en los radios *do-mi* y *fa-do*, montaña-valle de su sistema. Y nuevamente se refiere a la jota —y al flamenco (como otras veces lo hiciera a la saeta y a la sardana)— como cantos de prosperidad en su origen, aunque establece diferencias sustanciales: «La jota arraiga en el modo de *do* —montaña—, y cuyo ámbito melódico suele formar también una sexta [...], mientras que el flamenco arraiga en modo de *mi* (valle) [...]. La jota y el flamenco forman dos antípodas del radio montaña-valle (*do-mi*).[42] Por eso, dice también que «los ayes (del flamenco) expresan el dolor que caracteriza la relación mística entre el valle y la montaña celeste (*do-mi = río que llora*)».[43]

El mundo es un espejo, un reflejo, un eco. Todo sucede por similitud, por semejanza o por imitación rítmica según la teoría de la homeopatía de la que hablan Frazer (voz *araña*) y Kircher (imagen de la araña). De ahí también la relación del tema con los chamanes y lo sagrado de lo que habla Eliade en *Iniciaciones místicas* y el propio Schneider en este mismo libro. Lo que está abajo es como lo que está arriba, dice la *Tabla de Esmeralda*. Como ocurre en un reloj de arena: con la imagen del tambor en forma de reloj de arena. Incluso un baile de elementos cruzados, tan inocente en apariencia, como los *caballitos* en la danza catalana (tema tan propio del mundo de Joan Amades), es en realidad un símbolo de inversión. Schneider lleva así la antropología musical de estas danzas a su mundo: otra forma de verificar

---

[42] *Ibid.*, p. 96.
[43] *Ibidem.*

sus teorías de la música creadora —y la danza— como arte
re-generador y, en cierto sentido también, restaurador.

Al final, tenemos una nueva disquisición sobre la *araña*
—*tarántula, tarantela, Tarento*— y los bailes medicinales; una
comparación de la tarántula con el dolor del cante jondo, dolor
tan *hondo* que se clava en la tierra, como la tarántula minera, y
una oposición entre la araña de la mañana (la tarántula), fuego, *fa*, que no mata (enfermedad), y el escorpión, *sol*, símbolo
del mediodía, de la muerte duradera. Son asimilaciones nuevas
y nuevas correspondencias, donde se puede oír, incluso, una
cancioncilla tradicional, de sabor lorquiano:

> Canta la rana
> y baila el sapo
> y tañe la vihuela
> el lagarto.[44]

Pero el mensaje de fondo permanece por encima de la anéc-
dota: la tarantela y la danza de las espadas, también la jota,
son dos bailes de terapia rítmica, que ejercen su efecto por
imitación y por inversión. Bailando y cantando se acuerdan
cielo y tierra, se restablece el equilibrio. Las danzas, los bailes,
son artes que suponen un reflejo de las antiguas civilizaciones
totemísticas, donde los ritos no harían más que representar
un orden cósmico. Como señala José Antonio Antón Pacheco, la danza es un arte y un rito, y el rito mismo es arte:

> El vocablo *arte* proviene de la raíz indoeuropea *rt*. En sánscrito
> tenemos *Rita*, que es el orden cósmico [...]. Emparentada eti-

---

[44] *Ibid.*, p. 133.

mológicamente con *Rita* tenemos en español la palabra *rito*. El *rito* es lo que pone orden, aquel acto que constituye un espacio de inteligibilidad y sacralidad porque repite un acontecimiento sagrado. Mediante el *rito* se ordena y se conforma un *cosmos*. El rito es, etimológica y tradicionalmente, arte.[45]

Es lo que defendía el etnomusicólogo. Como cierre, Schneider añade un epílogo a *La danza de espadas y la tarantela*, con un apéndice propio sobre los claustros de Ripoll, que en realidad debería estar en el capítulo III («Cantan las piedras») de *El origen musical*, y otro apéndice ajeno sobre «La música como auxiliar en el tratamiento del enfermo mental», que no tienen desperdicio. A partir de ahí, pronto veremos a Schneider en otras lenguas y en otras tierras.

4 LA MÚSICA PRIMITIVA

Las publicaciones de Schneider en su *período español* continuarían en el *Anuario Musical* y otras revistas y publicaciones posteriores, como la *Enciclopedia Labor VII* (1957). En esta última incluye dos artículos: «Sobre la esencia de la música» y «Orígenes de la música», que inciden en sus raíces germánicas, pero también en sus teorías sobre las altas culturas antiguas. Así, retomando el tema de la curación, escribe, en el segundo:

> Los ritos visualmente perceptibles (la lucha con la espada o con la lanza contra el espíritu invisible) confirman y subrayan tan solo la acción verificada por el ritmo sonoro, ya que la palabra

---

[45] José Antonio ANTON PACHECO, «Arte oriental. Símbolo y tradición», en Jacinto CHOZA / Jesús GARAY, *Danza de Oriente y danza de Occidente*, Thémata, Sevilla, 2014, p. 22.

cantada o el grito constituyen la acción propiamente dicha. Para comprender esta acción del médico hemos de tener en cuenta las creencias primitivas según las cuales el mundo se mantiene gracias al canto de los espíritus de los difuntos que moran en las oquedades de los árboles, bajo las rocas o en las oscuras cavernas […]. Al encontrar su sonorización el espíritu se entrega al poder de su cantor.[46]

Esto es un ejemplo de lo que escribiría Schneider, pero lo esencial de ese período, el más fructífero, estaba realizado. Al principio de los cincuenta retornará a Alemania, donde fue profesor de la Universidad de Colonia desde 1956 hasta su jubilación en 1969. Es entonces cuando se da cuenta de los frutos que empieza a dar su obra: Juan-Eduardo Cirlot, considerándolo su maestro, le envía su *Diccionario de símbolos tradicionales*, dedicado a él, para sorpresa suya, y años más tarde lo ensalzaría en sus artículos en *La Vanguardia* y otras publicaciones. En respuesta, el maestro, en una carta a Cirlot, fechada en 1958, le recordaba con cierta amargura el final de su época de Barcelona, que no resultó nada grato: «Usted salva el recuerdo que me queda de España.»[47]

Mientras tanto, Schneider publicaba ya en el extranjero, sacando refundiciones de su obra anterior, como *Singende Steine* (1955) o *Le chant des pierres*, o bien, continuando con su aventura dentro de las tradiciones hindúes, como en el extenso ensayo «El papel de la música en la mitología y los ritos de las civilizaciones no europeas» (publicado en *Histoire de la musique*, Gallimard, París, 1960), y más

---

[46] Marius SCHNEIDER, «Orígenes de la música», en *Enciclopedia Labor VII*, Barcelona, 1957, p. 956.

[47] Marius SCHNEIDER, «Postal a Cirlot» del 17 de julio de 1958, en *Rosa Cúbica*, núm. 10 (primavera 1993), p. 99.

adelante convertido en el libro *La música primitiva*. En este libro Schneider insiste de nuevo, y más, si cabe, en sus teorías del sonido creador del mundo, del sol cantor, del sacrificio sonoro, de los cantos rituales, y en la esencia sonora del hombre, según las cosmogonías de las altas civilizaciones, que resume otra vez con las Upanishads, por medio de una bella concatenación:

> La Chāndogya Upanishad [...] cuenta que el mundo fue engendrado por la sílaba *Om*, que constituye la esencia del *sāman* (canto) y del soplo. [...] El *sāman* es la esencia del metro poético, el metro es la esencia del lenguaje, el lenguaje es la esencia del hombre, el hombre es la esencia de las plantas, las plantas son la esencia del agua, el agua es la esencia de la tierra.[48]

Después, tras su jubilación, en 1969, y hasta su muerte, acaecida en 1982, continuaría con sus trabajos sobre simbolismo musical. En ese período se le conocen contactos con Ámsterdam (Holanda), donde dio clases, y con Italia, donde formó parte, con Elémire Zolla y otro grupo de intelectuales, del Istituto Ticinese di Alti Studi. Una obra, llamada *Il significato della música: Simboli, forme, valori del linguaggio musicale* (1996), con introducción de Elémire Zolla, recoge los principales artículos sueltos escritos por Schneider, un volumen que, considerado en su conjunto, es su mejor libro después de *El origen musical*. Temas como la esencia de la música, ritmo, melodía y armonía, o la música y los objetos, ocupan sus páginas. En los años ochenta, cuando Schneider trabajaba en un proyecto grandioso, su gran obra

[48] Marius SCHNEIDER, *La musica primitiva*, Adelphi, Milán, 1992, p. 35.

Kosmogonie, lo sorprendió la muerte. Cuentan que en sus últimos tiempos, yendo para el hospital, decía con esperanza: «Todo se ordenará y ahora podré acabar mi obra maestra.»[49] No regresó jamás. Un discípulo suyo, Josef Kuckertz, desaparecido el autor, publicaría una muestra en 1985 con el réquiem: *Kosmogonie von Marius Schneider*.

5   LA ESCUELA DE SCHNEIDER

El primer seguidor de Schneider fue Juan-Eduardo Cirlot, que lo trató durante años en Barcelona y luego continuó aplicando sus enseñanzas hasta el final de sus días. De hecho, la recuperación de la figura de Schneider la inicia él, con su *Diccionario de los ismos* (1949), donde incluye la voz *musicalismo mágico* para hablar de su obra y sus métodos entre las tendencias del siglo xx. Con su *Diccionario de símbolos* corona su admiración y su homenaje al maestro, no solo en el Prólogo, donde le dedica un espacio a su método de las correspondencias, sino en varias entradas o voces, donde con pinceladas rápidas y precisas va extrayendo nociones del maestro: *correspondencias, cosmogonía, Géminis, inversión, mandorla, montaña, Marte*, entre otras. Dos aspectos destaca Cirlot de la simbología de Schneider: el del *ritmo común*, término que ya usó Boecio, con su agrupación de valores, y el de los *puentes verticales*, que son los que «la ciencia mística o simbólica lanza» entre «objetos que se hallan en un mismo ritmo cósmico».[50] El simbolismo, así, es «como una fuerza

---

[49] Bernhard BLEIBINGER, «Etnología simbólica. Marius Schneider», en *Claves de hermenéutica*, Universidad de Deusto, Bilbao, 2005, p. 134.

[50] Juan-Eduardo CIRLOT, «El ritmo común de Schneider», en *Diccionario de símbolos*, Labor, Barcelona, 1998, p. 38-39.

que pudiéramos llamar magnética».[51] Cirlot continuó su homenaje a Schneider en sus obras de creación: con su poemario en prosa *La dama de Vallcarca* (1956), que recrea poéticamente el paisaje *megalítico* de Géminis sobre la geografía visionaria del Valle de Hebrón (Barcelona); con el *Ciclo de Bronwyn* (1966-1973), de poesía, que interpretó a la luz de su simbología, en un bello ensayo, «*Bronwyn*: Simbolismo de un argumento cinematográfico» (1970), publicado en *Cuadernos Hispanoamericanos*; y con varios artículos en la prensa, o críticas de arte, donde era constante su elogio al musicólogo alemán. Así, en «La simbología de Marius Schneider: Homenaje a un gran maestro», publicado en *La Vanguardia,* escribe: «Schneider poseía —aparte de una cualidad que no sabría definir, y que le convertía en algo que no era el erudito, ni el filósofo, ni el sabio; menos aún, el técnico— dotes de gran escritor. En sus obras hay pasajes de extraordinaria belleza.»[52] Y añade: «Muchas veces le recuerdo; sé que le traté años, no puedo recordar cuántos, pero por lo que representó para mi *Weltanschauung* podía haber sido toda mi vida.»[53]

Otros admiradores de Schneider, además de Juan-Eduardo Cirlot, trataron de seguir su camino y difundir en lo posible su obra. El primero, Elémire Zolla, en la cultura italiana, que en su bellísimo libro *Uscite dal mondo* (1992) lo recogía en su apartado «Sobre el mundo germánico». El ensayo, incluido en *La simbología. Grandes figuras de la ciencia de los símbolos* (2001), destacaba dos aspectos esenciales de

[51] *Ibidem.*

[52] Juan-Eduardo CIRLOT, «La simbología de Marius Schneider. Homenaje a un gran maestro», *La Vanguardia*, 14 de marzo de 1969, recogido en *Rosa Cúbica*, núm. 10 (primavera 1993), p. 100-101.

[53] *Ibid.*, p. 102.

Schneider: la grandeza de sus textos escritos y la magia de su enseñanza oral. Escribe Zolla:

> En primer lugar, no se le pueden encontrar fácilmente antecedentes, no se le relaciona con una escuela, con un trabajo colectivo, y parece que nace sin progenitores. Efectivamente, el gran historiador de la danza, Curt Sachs, es mencionado con la devoción de un antiguo discípulo por Marius Schneider, pero es un homenaje más bien sentimental [...]. La otra característica excepcional es que la mole admirable de su obra escrita es solamente un reflejo de la enseñanza oral que ha dejado a sus escasos discípulos [...]. En la práctica universitaria, Schneider impartía también un arte, comunicaba secretos de oficio. [...] El alumno pintor que quisiera penetrar en los secretos del maestro hacía bien en acompañarle en un paseo.[54]

Pero no es solo Elémire Zolla, sino también sus conocidos y seguidores italianos, como Grazia Marchianò y Antonello Colimberti, entre otros, que ahora concurren en un congreso sobre su vida y su obra: el *Convegno su Marius Schneider: Musica, Arte e Conoscenza*.[55]

Por otra parte, en el área de la cultura inglesa, destaca Joscelyn Godwin, gran admirador de Kircher y otro de los traductores y difusores del etnomusicólogo alemán, tanto en antologías como la de *Cosmic music: musical keys to the interpretation of reality* (1989), que recoge obras de Marius Schneider, Rudolf Haase y Hans Erhard Lauer, como, por

---

[54] Elémire ZOLLA, «El simbolismo musical de Marius Schneider», en Jaime D. PARRA, *La simbología. Grandes figuras de la ciencia de los símbolos*, Montesinos, Barcelona, 2001, p. 177-178.

[55] *Convegno su Marius Schneider. Musica, Arte e Conoscenza*, Roma, abril, 2017.

ejemplo, en los libros *La cadena áurea*, *Alquimia musical* o *Armonías del cielo y de la tierra*, en los que no deja de darle un lugar y citarlo con fervor y reverencia —como Cirlot. Así, al hablar de la música como arte *especulativa* (de *especulum*, 'espejo'), escribe sobre él:

> Su mundo es el del período megalítico [...]. Para quienes estaban en la cultura anterior al Megalítico, la experiencia de los ritmos místicos era algo absolutamente claro y real [...]. Lo que más interesante resulta acerca de sus libros es la manera en que convenientemente ilustran la crisis espiritual que, afirma, tuvo lugar al inicio del período megalítico, pero que en una escala más pequeña sucede de forma continua: la confrontación entre la magia arcaica y la racionalidad moderna [...]. He aquí un auténtico romántico alemán: un alma profundamente poética que entiende el cosmos como un canto cristalino de los dioses. La música es para él el estado original del universo.[56]

En el área germana, aparte del mencionado Josef Kuckertz y de Robert Günther (remitimos a sus artículos en *The New Grove's Dictionary of Music and Musicians* y en *Ethnomusicology*, vol. 13 [1969]), están las investigaciones actuales de Bernard Bleibinger, cuya tesis, en alemán, lleva justamente el título bilingüe: *Marius Schneider und der Simbolismo. Ensayo musicológico y etnológico sobre un buscador de símbolos* (2005). Lo de buscador es acertado, pues ya Manfred Lurker, como hemos dicho en otros casos, en su libro *El mensaje de los símbolos* había definido al poeta —y el cosmos de Schneider es poético— como el gran buscador, un buscador de símbolos.

---

[56] Joscelyn GODWIN, *La cadena áurea de Orfeo / El resurgimiento de la música especulativa*, Siruela, Madrid, 2009, p. 132-139.

Y por último, en la cultura española, el interés por Schneider
va inexorablemente enlazado al interés de algunos autores
por la obra de Cirlot: Victoria Cirlot, Enrique Granell, Alfonso Alegre, Manuela Adamo y yo mismo, todos nosotros,
en un sentido u otro, somos difusores de su obra.

En cuanto a la trascendencia de Schneider y su importancia dentro del corpus de la simbología del siglo XX, hay
que ser concluyentes: su nombre debe contar entre los más
altos creadores que ha dado esta ciencia, muchos de ellos del
Círculo de Eranos: Jung, Eliade, Scholem, Zimmer, Bachelard, Durand, Corbin, Guénon, Evola, Moshe Idel, Zolla
y otros, aquellos que ya recogimos en *Simbología. Grandes
figuras de la ciencia de los símbolos* (2000), cuyas obras fundamentales destacamos también en «Mi biblioteca de simbología» (2004).[57] No cabe duda de que allí está su sitio, y
no en un lugar cualquiera sino en uno de los principales.

---

[57] *El Ciervo*, núm. 636 (Barcelona, 2004), p. 40-41.

III

JUAN-EDUARDO CIRLOT:
EL SIMBOLISMO MUSICAL

El deber más importante de mi vida es, para mí, el de
simbolizar mi interioridad.

HEBBEL

Cuando un sabio de clase suprema oye hablar del Sentido,
entonces se muestra celoso y obra en consecuencia.

LAO-TSÉ

La simbología del siglo XX se configuraba como una
resistencia al nihilismo, que junto al surrealismo y el mismo
simbolismo constituye la tercera corriente que vibra en la
obra, el pensamiento y la vida de Cirlot.

VICTORIA CIRLOT

I SIMBOLISMO TRADICIONAL

Una de las grandes contribuciones de los siglos XX
y XXI al mundo de la cultura ha sido la del estudio de los
símbolos tradicionales.[1] En grupos de trabajo, en universidades o desde posiciones individuales, la simbología fue

---

[1] Jaime D. Parra, «Simbolismo tradicional», en *La simbología. Grandes
figuras de la ciencia de los símbolos*, Montesinos, Barcelona, 2001, p. 11-18.

atrayendo la atención de diversas áreas y campos. Iranistas, hebraístas, indólogos, estudiosos del arte, del mito, de las religiones, psicólogos, medievalistas, todos, desde su ángulo, hacían sus aportaciones. La cábala, el sufismo, el simbolismo musical, el simbolismo de los elementos, el mundo de las leyendas, el arte hindú, la alquimia, la pintura abstracta o informal, todo era atendido. Se crearon también círculos o centros, como el de Eranos, que se congregaban en torno a la célebre Mansión del Lago, en Suiza, o el Istituto Ticinese di Alti Studi, en Lugano (Italia). Eran capaces de reunir destacadas figuras, como Durand, Kerényi o Corbin. En Barcelona sucedió lo mismo, y la importante tradición musical y musicológica de la ciudad afloró de pronto y dio sus mejores frutos: en poco más de una década se publicaron *El origen musical de los animales-símbolos* (1946) de Schneider y el *Diccionario de símbolos tradicionales* (1958) —luego *Diccionario de símbolos*— de Cirlot, dos de las obras cardinales de su tiempo. ¿Daba ello, o da pie a hablar de un grupo o entorno especial en Barcelona? Josep Romeu i Figueras, que perteneció al entorno del *Anuario Musical*, del Consejo Superior de Investigaciones Científicas, donde estaban Higinio Anglès, Marius Schneider y otros investigadores, y que conoció a Cirlot, aseguraba que ese grupo, al menos en su época, sí existió. Y lo mismo opinaba Miguel Querol, que también pertenecía a la redacción de la revista.

Lo que no resulta casual es que Cirlot escriba sus obras clave en una ciudad donde nacieron, se inspiraron, estrenaron, escribieron o crearon escuela figuras de la talla de Abulafia (*Las siete vías de la Torá*), Wagner (*Parsifal*), Scriabin (*Prometheus*), Strawinsky (*Sinfonía de los salmos*), Schönberg

(*Moisés y Aarón*), Higinio Anglès (*La música española desde la Edad Media hasta nuestros días*), Schneider (*El origen musical de los animales-símbolos*) o Eugenio d'Ors (*Introducción a la vida angélica*), todos relacionados con el simbolismo y los sonidos. El propio Cirlot era consciente de ello y con frecuencia lo mencionaba en sus escritos, rindiéndoles homenaje y proclamando los nombres de muchos de ellos como sus verdaderos antecesores y maestros. Dadas estas circunstancias, resulta más fácil entender su pasión por el simbolismo musical —él mismo fue músico y compositor—, por el dodecafonismo musical y el *tseruf* cabalístico, por el mundo germánico moderno y medieval, por el sufismo y por los sistemas de las correspondencias místicas en general. Tampoco resulta casual ni fortuito que en el momento en que se introduce en el mundo de los símbolos concurran en el entorno figuras como Gifreda, mago y coleccionista de libros, tan decisivo para él como fuente de documentación o consulta. Y ello, sin olvidar su enorme capacidad lectora y asimiladora, que también resultó definitiva. Fue una época dominada por el magicismo: mágico o magicista era el grupo Dau al Set, amante de la música; mágica fue la poesía de Brossa (amigo del mago Aulestia); mágica era la pintura de Ponç y mágica la simbología de Schneider. Hubo un magicismo poético, un magicismo plástico y un magicismo musical.

Pero, dejando de lado estas cuestiones, sí que podemos decir que a Cirlot hay que situarlo —merced a su seguimiento de Schneider— en esa línea de la simbología que viene de la *Polygraphia universalis* de Trithemius (siglo XVI) y el *Mundus subterraneus* de Kircher (siglo XVII), que pasa por *Geist und Werden der Musikinstrumente* (1929) ('Espíritu y evolución de los instrumentos musicales') de Curt Sachs y por *Le symbolisme de l'univers* (1930) de Louis Hoyack, y que desemboca, ya en la segunda mitad del siglo XX, en el *Singende Steine* ('Las piedras cantan') del propio Schneider, en el *Uscite dal mondo* ('Salid del mundo') de Elémire Zolla, en las obras de Boris Rachewiltz y de Josef Kuckertz, y en el *Diccionario de símbolos* y *Bronwyn*, del mismo Cirlot. Es esa una línea, en sus expresiones mejores, caracterizada por la búsqueda de la totalidad, como se advierte en sus amplias miras, su deseo de conectar distintos ámbitos del universo, de recuperar las culturas de varias latitudes y de apoyarse en una base de estructura musical, fundada en lo relacional. Pues si algo tiene la música, entre sus muchos valores, es su capacidad estructuradora. Es, por otro lado, una línea abierta, que deja espacio al factor sorpresa y potencia el símbolo como mediación y como vivencia, como re-generación y como retorno, a pesar de que cada uno de los simbólogos mantenga sus parámetros de distancia con los demás. Así, mientras unos aceptan el arte moderno, aunque sea re-sacralizándolo, como hace Cirlot con los objetos surrealistas, otros, como Elémire Zolla, escriben sobre «El surrealismo y la liquidación de la simbología».[2] Mientras unos se mantienen dentro del simbolismo de la tradición y cuestionan el concepto de modernidad, otros tienden a encontrarle un sentido místico a los ismos y a ver la pervivencia del mundo sagrado en el arte moderno. Esta última es también la posición de Cirlot, y no podría ser de otro modo, porque en su trayectoria el triunfo de los símbolos coincide precisamente con la época

---

[2]   Elémire ZOLLA, «Il surrealismo e la liquidazione della simbolica», en *Surrealismo e simbolismo*, Archivio di Filosofia, núm. 3, Editorial CEDAM, Casa Editrice Dott. Antonio Milani, Milán, 1965, p. 19-42.

de su mayor pasión y defensa del arte actual, en especial el
informalismo, del que es el máximo estudioso en la España
de su tiempo. Como dice el crítico de arte Enrique Granell,
Cirlot «nos recuerda, entre otras cosas, que el arte, cuando es
una búsqueda de una verdad, es una distanciación simbólica
de lo real».[3] Es más, el simbolismo le sirvió para penetrar en
muchas áreas e indagar en lo que hay más allá de la realidad
tangible. Incrédulo como era, pensaba que algo se esconde
detrás de la materia. *Per visibilia ad invisibilia*, era su lema.
De ahí que, para él, el mayor artista plástico del siglo XX
sin excepción alguna sea, precisamente, el que mejor refleja
el arte informal: Antoni Tàpies. Ello no nos debe extrañar,
pues atento también a la *Gestaltpsychologie* o psicología de la
forma, como su maestro Schneider, sabía ver, en sus mejores
manifestaciones, la vertebración secreta del cosmos.

2 MUSICALISMO MÁGICO

El interés de Cirlot por los símbolos venía de tan lejos como
su pasión por Scriabin: desde el año 1936, cuando ya le con-
mocionó la música del compositor ruso, impregnada de simbolismo tradicional. Posteriormente se dejó influir por él y lo
convirtió en uno de los referentes de su primera década escrituraria, surrealista (1943-1953). Hasta tal punto se adentró en
su mundo, lleno de simbolismo y color esotérico, que le dedicó varios poemas, con títulos tan sugerentes como «Poema de

---

[3]   Enrique GRANELL / Emmanuel GUIGON, «La pintura o la sangre del
espíritu», en *Mundo de Juan-Eduardo Cirlot*, Instituto Valenciano de Arte
Moderno / Centre Julio González, Generalitat Valenciana / Conselleria de
Cultura, Educació i Ciència, Valencia, 1996, p. 123.

éxtasis» o «En la llama». Estos poemas remiten directamente
a las obras del músico *Poème de l'Extase* (Opus, 54) y *Vers la
flamne* (Opus 72), por no hablar también de las referencias
que en su texto para ballet, *La muerte de Gerión* (1943), hay al
Misterium, obra final inacabada de Scriabin. Lo mismo que
ocurre con su *Cordero del abismo* (1946), este tocado por la
magia del *Prometheus, the Poem of Fire* (Opus 60). Así, la figura del músico y su mundo analógico —la rosa, el fuego, la
llama, el centro— se convertían en algo más que un punto
de partida para el Cirlot poeta, entonces entusiasmado también con el hermetismo y la egiptología: eran, para él, una
estética, una poética, una mística; sobre todo, las nociones
de *acorde místico* y de *unidad*, que Scriabin defendía teniendo
en cuenta las doctrinas secretas de Madame Blawatsky.[4] Por
eso, Cirlot, en *La muerte de Gerión*, elogiaba la cosmovisión
del *Misterium*, su arte total y sinestésico, y más tarde, en su
primer diccionario, el *Diccionario de los ismos* (1949), exaltaba
también la composición del *Prometheus*, en el que veía una
llama viva del arte actual, un acierto creativo, una vía abierta,
una transformación. El *Prometheus* aparecía ante sus ojos
con una doble visión: por un lado, se le presentaba como una
creación posromántica, cargada de resonancias internas y llena de misticismo, y, por otro, como una obra de cierto olfato
futurista y pre-schonbergiana, defensora de la gran síntesis.

De paso, en el *Diccionario de los ismos* (1949) tomaba nota
de un simbolismo musical en el que profundizaría décadas
más tarde, después de la segunda edición (ampliada) del

---

[4]   Manfred KELKEL, *Alexandre Scriabine. Sa vie, l'ésoterisme et le langage
musical dans son oeuvre*, Librairie Honoré Champion, París, 1984, Libro I,
p. 71; Libro II, p. 71.

libro, un simbolismo que asociaba notas y colores, sonido y visión, por ejemplo, yendo más allá de las correspondencias simbolistas de Baudelaire (soneto de las «Correspondencias») y Rimbaud (soneto de las «Vocales»).[5] Así se acercaba al artículo de Sabaneev publicado en *El Jinete Azul*, la revista de Kandinsky y los expresionistas alemanes, sobre el simbolismo y la asociación de notas musicales y gamas de color:

do: rojo	*fa* sostenido: índigo
sol: naranja	*re* bemol: violeta
re: amarillo	*la* bemol: púrpura
la: verde	*mi* bemol: plateado, metálico
mi: azur	*si* bemol
si: como *mi*	*fa*: rojo oscuro.[6]

Correspondencias que eran solo el principio de un arte asociativo y sinestésico, con mayores implicaciones más adelante en su obra: el simbolismo. Así pues, Cirlot pudo penetrar en el mundo de Scriabin a través de Kandinsky. Sin embargo, también pudo hacerlo por medio de algunos músicos conocidos suyos o a través del círculo de artistas rusos residentes en Barcelona, como Olga Sacharoff, que le ilustró su poemario *Donde las lilas crecen* (1946); o, sencillamente, a través del ambiente que dejó el pintor Serge Charchoune, que también vivió en Barcelona, autor de obras con tintes futuristas y scriabinianos, cinéticos y abstractos, *Films*

---

[5]   Juan-Eduardo CIRLOT, «Simbolismo artístico y literario», en *Diccionario de los ismos*, Argos, Barcelona, 1956², p. 400-407.

[6]   Leonid SABANEEV, «Prométhée de Scriabine», en Wassily KANDINSKY / Franz MARC, *L'Almanach du Blaie Reiter. Le cavalier bleu*, Klincksieck, París, 1987, p. 172.

ornem, que solía inspirarse en audiciones musicales, como apunta Montse Camps.[7] Pero no nos engañemos: el primer Cirlot no es aún el gran simbólogo que conocemos, sino un apasionado y atento lector del universo.

El primer Cirlot es un compositor-poeta que se debate entre la música y la poesía, que admira a Scriabin (que entonces era un desconocido) y a Strawinsky (y a los rusos en general), pero que acabará inmerso en dos grandes estilos de grupos franco-germánicos: el surrealismo de Breton, autor al que trató y con el que se escribió (aunque los surrealistas rechazaban la música), y el dodecafonismo de Schönberg, que había creado escuela en Barcelona. A Schönberg, por ejemplo, lo imitó sin piedad en piezas como *Preludio*, *Concertino* y *Suite atonal*, entre otras, algunas de ellas ejecutadas en el Instituto Francés y en el Ateneo Barcelonés, con cierto éxito de público y de crítica. A pesar de ello, con el tiempo se alejó tanto del surrealismo como de la dodecafónica por considerarlos poco personales. Sin embargo, esto se produjo después de componer muy bellos poemas: las partituras las rompió todas (solo se ha salvado *Suite atonal* para piano, conservada por Carlos Edmundo de Ory). La primera época de Cirlot, expresionista, surrealista, onírica, musical, de acentos bíblicos, está representada por bellos homenajes poéticos a artistas, y por excelentes y alucinados textos en prosa, como ya vio Díaz-Plaja en *El poema en prosa en España* (1956): «El poeta», «La hija de Jairo (Sueño)», «Oración atonal», «Lilith», «Sueños», «Eros», «Klee» , «Pliego suelto» y «Texto y realización», que son un fiel reflejo de un simbolismo literario que

---

[7]   *Cf.* Montse CAMPS, «Els *Films ornem* de Serge Charchoune», *D'Art*, núm. 21 (1995).

luego avanzará hacia el tradicional. El primer Cirlot es el
que, formado en Zaragoza e iniciado en Barcelona, siempre cercano a los Buñuel —Alfonso Buñuel y Juan Ramón
Masoliver especialmente—, intenta ser músico, pero que ante
todo compone bellos poemas a la música y a los músicos,
al arte y a los artistas, al alma y sus símbolos. Un Cirlot
que absorbe la atmósfera musical de Scriabin y su *Poema
del fuego*, pero también la de Ravel y sus *Pájaros tristes*, la de
Strawinsky y la *Sinfonía de los salmos*, la de Schönberg y los
Gurrelieder, la de Wagner del *Tristán* y el *Parsifal*, aunque el
mundo de Wagner en su obra estallaría más tarde, con aquella bellísima explosión de aliteraciones lohengrinianas de *La
«quête» de Bronwyn* (1971), al final de sus días.

Lo que sí consiguió Cirlot al final de esta época, marcada
por la «lucha contra la música», como decía, fue vislumbrar
las posibilidades de un nuevo mundo simbólico. Esto lo llevaría a cabo en 1952, en una conferencia pronunciada en
la Universidad de Barcelona, con un título sugerente, deci-
dido, sin vuelta atrás: «Hacia una ciencia de los símbolos».
El resumen lo editaría en *Sumario de Estudios y Actividades*
(2.º y 3.er trimestre), la revista de la Asociación de los Antiguos Alumnos de los Jesuitas de la calle Caspe en Barcelona,
donde había estudiado el bachillerato. Allí abordaba, por
primera vez, los tres grandes símbolos que venían asomán-
do en sus escritos en la prensa desde tiempo atrás: el muro
de las lamentaciones (de la cultura hebrea), el disco de jade
pi (de la cultura china) y el globo de fayenza (de la cultura
hindú), tres percepciones del mundo, presentes también en
su poesía de entonces, que representan la imposibilidad, la
abertura a otros mundos y la importancia de una cosmogonía. Pero eso no era lo esencial; lo importante eran los

principios enunciados: *a*. el hombre es un buscador de símbolos, *b*. el símbolo destaca por su carácter vivo y emocional, y *c*. la ciencia de los símbolos abre horizontes de reconciliación. Cirlot estaba cerca de dar el gran paso.

3 MÚSICA, CÁBALA Y SUFISMO

Fue en 1954, al comienzo de su segunda época, que duraría hasta 1965, acabadas ya, o acabando, una serie de monografías sobre arte —*Miró* (1949), *El arte de Gaudí* (1950), *El estilo del siglo XX* (1952), *El mundo del objeto bajo la luz del surrealismo* (1953), *Introducción al surrealismo* (1953), *La pintura surrealista* (1955)—, paralelas al final de *En la llama* (1943-1959), cuando dio el gran paso: el de los símbolos. El autor dejaba atrás, también, la fase magicista-surrealista del grupo Dau al Set, donde participó como poeta y crítico de arte y produjo algunos libros verdaderamente sugestivos, de corte lírico-antropológico, como *Ferias y atracciones* (1950) y *El ojo en la Mitología. Su simbolismo* (1954). Eran libros que llevaban ya una gran carga de simbolismo. Así quedaba libre para dedicarse más a fondo al estudio de la tradición, a la simbología como ciencia y a una investigación que conjugaba el dato objetivo y el apunte sugestivo, el trazo de sabio. El objetivo: reunir en un solo libro, en el formato de diccionario, los conocimientos sobre la materia que realmente le importaban, recoger *summas* con que poder abordar la imagen poética o comprender mejor su propia lírica, profundizar en las vivencias de la vida profunda y los sueños —pues el simbolismo tiene una función unificadora. El deseo de unidad. ¿El motivo? Quizás, también, el afán de buscar un mundo más personal y propio, de distanciarse de una forma poética ya en declive en su país de origen, como era la surrealista, pero también su repulsa a la idea del misterio por el misterio, al juego verbal gratuito y, sobre todo, su convicción de que era necesaria una búsqueda más trascendente: ir más allá de un mundo que consideraba banal. Así se lo comunicaría en 1956 por carta a André Breton: «Estoy preparando una *summa* simbólica en la que se confrontan los conocimientos [...]. Creo que es necesario llegar al superconocimiento de una serie de cosas [...] para las cuales *no existe aún ciencia alguna*.»[8] Y luego, años más tarde, ya acabado su trabajo y publicado el diccionario, otra vez:

> En 1954 me vi en la necesidad de reordenar mi mundo interior, dejando el «misterio por el misterio» y el culto de lo maravilloso por una investigación metódica que me condujo al libro sobre símbolos tradicionales que Vd. conoce. A la vez comprendí que no se puede traicionar la tradición por ninguna subversión. [...] Mi transición en este último período pudiera explicarse por un cambio, del arquetipo Tristán al arquetipo Parsifal (sin que haya una entera identificación con este).[9]

Efectivamente, Cirlot dejaría de cantar a Tristán, el triste, para cantar a Parsifal, el buscador, el iluminado. Del surrealismo a la simbología. Por entonces había publicado la segunda edición del *Diccionario de los ismos* (1956), y en esta ocasión sí que había incluido una nueva entrada, *simbolismo*

---

[8] Juan-Eduardo CIRLOT, «Lettre de Barcelona», *Le Surréalisme, même*, núm. 1 (octubre 1956).

[9] IDEM, «Carta a Breton», s. f., en Gabriele MORELLI, *Trent'anni di avanguardia spagnola: da Ramón Gómez de la Serna a Juan Eduardo Cirlot*, Jaca BooK, Milán, 1987, p. 294-295.

tradicional. En esta esbozaba un breve panorama que apuntaba a una nueva atmósfera, citando a Jung, Eliade, Schneider, Kerényi y Bachelard, entre otros, que justificaba diciendo que «el simbolismo tradicional expone los valores simbólicos (expresivos, significativos, intelectuales, pero también emocionales y vivenciales) del espacio y la orientación, los números y las letras, los colores y las formas, los seres animados, los objetos, los cuerpos celestes y constelaciones».[10] Este es el verdadero comienzo, ya sin tanteos, del Cirlot simbólogo.

Entre 1954 y 1958 —año este último en que apareció su *Diccionario de símbolos*— Cirlot trabajó intensamente en la materia apoyándose sobre todo en el pensamiento de Marius Schneider, al que leyó a fondo y al que trató directamente, siguiendo una antigua usanza: el diálogo con el maestro, *paseando*, como recordara Elémire Zolla. La simbología de Schneider, de base musical y con fuerte raigambre oriental, ya había atraído la atención de Cirlot en la década anterior, pero sería ahora cuando verdaderamente imprimiría huella en su obra al dejarla reposar; curiosamente, sobre todo después de retornar Schneider a Alemania, como si la presencia del maestro lo hubiera cohibido antes. La conocida teoría del *ritmo común* del autor alemán, según la cual, aceptada la unidad del universo, se pueden emparentar objetos y seres de todos los campos análogos de acuerdo con una base de *correspondencias* místicas, le sirvió de base para elaborar algunos de sus principios esenciales, como el de tender *puentes verticales* entre objetos y seres, y el de encontrar una *identificación suficiente* o asimilación de dos objetos «por el sentido de su situación simbólica», convencido como estaba de

[10] IDEM, «Simbolismo tradicional», en *Diccionario de los ismos*, p. 408-410.

que la «ley de correspondencia es el fundamento de todo simbolismo»,[11] como dijo Guénon. El principio de los *puentes verticales* lo enunciaba con estas palabras:

> La ciencia mística o simbólica lanza puentes verticales entre aquellos objetos que se hallan en un mismo ritmo cósmico, es decir, cuya situación está en correspondencia con la ocupada por otro objeto *análogo* pero perteneciente a un plano diferente de la realidad; por ejemplo, un animal, una planta, un color.[12]

Mientras que el principio de *identificación suficiente*, que viene a continuación, lo sintetiza del modo siguiente:

> En su dominio, merced al principio de concentración, todos los seres de una misma especie se reducen al singular. E incluso el ritmo dominante transforma en beneficio de esa unificación lo que pudiera parecer distinto. De modo que, haciendo uso de un ejemplo, no solo todos los dragones son el dragón, sino que la mancha que parece un dragón es un dragón. Y lo es […] por obra del principio de *identificación suficiente*.[13]

Junto a ellos, consideraba importante también la noción de *imagen ignota*, que formuló, siguiendo a Schneider y la psicología de la forma, en su búsqueda de un sentido simbólico «relacionado con el destino de la vida espiritual en el universo». La *imagen ignota* la definía como «una conexión de palabras, formas o colores que no corresponden a nada de lo

---

[11] Citado en Juan-Eduardo CIRLOT, «Introducción», en *Diccionario de símbolos*, Círculo de Lectores, Barcelona, 1999, p. 19 y 38-39.

[12] *Ibidem.*

[13] *Ibidem.*

habitual, en nuestro mundo de la realidad exterior o de los sentimientos normales».[14] Por eso, en las primeras ediciones del diccionario ilustraba la denominación con un ejemplo de Miró, de 1930, y al hablar de la pintura informalista sugería su presencia. La *imagen ignota* no solo tiene voz propia en su diccionario, sino que es una noción constante en su teoría simbólica y en su crítica de arte. Esos son tres de los principios que rigen su diccionario.

Cirlot no ideó la obra como un libro de consulta, que hubiera sido lo esperable en un diccionario, sino como un libro de lectura, acabada la cual se tiene un sentido más amplio de la totalidad y de la relación, pues el simbolismo facilita los aspectos relacionales, vivencias redivivas. Además, leído así, no se pierde el perfume del factor sorpresa, que siempre resulta beneficioso, en cuanto relaciona ideas distantes, lo que también intentaba Abulafia: mediante el salto o *dillug*. El método, que parecía surrealista, está en la base de los místicos de todas las épocas: la palabra generativa, la que alcanza. La relación simbólica es «a y b», no «a o b». Cirlot, además, recuerda, para los profanos, cómo se debe hacer la lectura: valorando *lo inferior por lo superior* siguiendo el simbolismo del nivel y no al revés. Así, dejó en su libro un medio útil para entrar y profundizar en cuantos ámbitos se propusiera sirviéndose de los símbolos, según decía en una entrevista concedida al periodista Del Arco en *La Vanguardia*: «[Así] se pueden comprender más profundamente hechos tan diversos como un argumento cinematográfico, una pintura abstracta,

[14]   Juan-Eduardo Cɪʀʟᴏᴛ, *Diccionario de símbolos*, Labor, Barcelona, 1982[5], p. 48-49.

una imagen poética o un sueño».[15] Y eso es lo que hará a continuación: trataba de seguir el pensamiento simbólico, de imágenes, pues el simbolismo es el arte de iluminar ciertas zonas de la realidad desde otro ángulo. De este modo pudo entrar en el sentido oculto de su propia poesía —creación que tendrá prioridad en adelante— frecuentemente relacionada con el mundo del film, la cábala y el sufismo; o en el simbolismo de una pintura, sea medieval, prerrafaelita o contemporánea. El *Diccionario de símbolos* tuvo fortuna, además, y fue su libro más distribuido. Fue publicado enseguida en inglés con un prólogo de Herbert Read, que ya lo conocía como crítico de arte. Es, por ello, también el libro por el que es más universalmente conocido.

Una de las primeras experiencias —o consecuencias— de su conocimiento de los símbolos, en el terreno de lo poético, tras la edición del diccionario, fue la de *Blanco* (1961), una obra iniciática, especial, que se refiere al simbolismo de la búsqueda y al *doble recinto*. Otra experiencia fue *La doncella de las cicatrices* (1967), que retoma el mito cirlotiano de la *mujer muerta*, de origen onírico, y le da un nuevo sentido. Con *Blanco* se sitúa ya en la Edad Media, su ámbito favorito —lo mismo que con *Los espejos*, del año siguiente, más germanizado—, y con *La doncella de las cicatrices* entra en ese mundo de poemas mínimos, casi minimalistas, que lo llevan al Oriente místico: el de la doncella de luz —*brat nurha*. Con *Blanco* y lo que sigue empieza a configurar *otra* poética, la de los blancos, que le lleva a su período final, más experimental, que no se basa en la suma, como en los surrealistas,

[15] DEL ARCO, «Mano a mano: Juan Eduardo Cirlot», *La Vanguardia* (10 de octubre de 1969).

sino en la resta, en el minimalismo: tachar, eliminar, seleccionar y sacrificar. El poema sigue siendo igual de musical —quizás más estructural— e igual de simbólico, pero resulta más concentrado. Con menos elementos. *Menos es más*, había dicho Mies van der Rohe. Estaba entrando en una fase semejante a la que iniciaría Valente una década después: una poética de la desnudez, tocada por el pensamiento cabalístico y sufí. La poesía que Cirlot hizo desde entonces ha sido recogida en dos volúmenes: en *Del no mundo* (1961-1973), editado por Clara Janés, y en *Bronwyn* (1966-1973), editado por Victoria Cirlot.

Pero ningún caso más sugestivo que el de los *cuadernos blancos* —así los llamaba Ory— de su ciclo de *Bronwyn*,[16] ya en su tercera época, final (1966-1973), surgidos de un film ambientado en el siglo XI, con sus múltiples resonancias nórdicas y orientales: allí encuentra su norte, se orienta. La incidencia de *El origen musical de los animales-símbolos* de Schneider en el sistema poético de *Bronwyn*, bien sea directamente o bien a través del diccionario, fue tal entonces que el propio Cirlot, al comentar la película de la que surgió el ciclo, escribía, como quien lee el *libro* mágico del universo: «Cuando hace dos años vi *El señor de la guerra* (por retornar a un ejemplo caro y obsesivo) comprendí que podía *leer* (a veces por anticipado) todas las situaciones —y su resultado— solo merced al sistema de Schneider, a sus juicios sobre el símbolo.»[17]

[16] Jaime D. PARRA, *Bronwyn ciclo poético, forma y figura proyectiva en la obra de Juan-Eduardo Cirlot*, Universidad de Barcelona, Barcelona, 1997, tesis doctoral microfichada.

[17] Juan-Eduardo CIRLOT, «El ocaso del señor de la guerra. *Bronwyn*», *La Vanguardia* (18 de febrero de 1967).

El resultado sería un feliz hallazgo: la consideración de
Bronwyn como un *poema infinito*, como lo llamó en el prólogo a *Bronwyn, w* (1971), como una inmensa *cosmogonía*
—palabra cara a Schneider— de *constelaciones* de símbolos. *Infinito*, también como la noción de *melodía infinita*
que había defendido Wagner, otro de sus músicos favori-
tos.[18] Pero, sobre todo, infinito por la grandeza de su *idioma
bronwiano*, como dice en las asociaciones verbales de *Bronwyn, n* (1969). Es entonces cuando el poeta-simbólogo despliega toda su creatividad destinada a iluminar el sentido
profundo del film, sobre todo en el «*Bronwyn*: Simbolismo
de un argumento cinematográfico», surgido como un *es-
trato simbólico* donde identifica verdaderos haces de símbolos relacionales en torno al escenario de Brabante (*paisaje
iniciático*: bosque-templo, torre-*axis mundi*, pantano-cri-
sis, agua-llamamiento…), al *caballero* normando (*lucha
del héroe*: Géminis-doble, mar de llamas-fiebre pasional,
herida-culpa, hoz-Muerte, espada-purificación, etc.), a la
doncella céltica (*dinamismo ascensional*: mujer hada-*bans-
hee*, ángel-*Daêna*; lado femenino de la deidad-*shekhinah*:
Sophia-gichteliana, etc.), y otros aspectos o sustentos sobre
los que se erige la construcción del poema.[19] Es algo que
deja huella también en su segundo mejor título en prosa,
el cuaderno *Del no mundo. Aforismos* (1969). El cine, verdadero arte del siglo xx, le permite, por esta vía, crear *entes
de ficción*, seleccionar fragmentos que cobran vida propia y
recrear un simbolismo de fondo que está allí para arrojar luz,

[18]   Boris DE SCHLOEZER / Marina SCRIABINE, *Problemas de la música
moderna*, Seix Barral, Barcelona, 1969, p. 151.
[19]   Juan-Eduardo CIRLOT, «*Bronwyn*: Simbolismo de un argumento cinematográfico», *Cuadernos Hispanoamericanos*, núm. 247 (julio 1970), p. 1-21.

para lanzar puentes interculturales desde el mundo céltico en que se ambienta: hacia el sufismo iraní, hacia el mundo nórdico.

Al sufismo llegó, sin duda, tras leer la *Introducción a la vida angélica* de Eugenio d'Ors, a cuya Academia del Faro de San Cristóbal estaba Cirlot tan orgulloso de pertenecer, pero sobre todo tras leer algunas obras de Henry Corbin en su lengua original, como *Terre céleste et corps de résurrection* y *L'imagination créatrice dans le soufisme d'Ibn ʾArabī* o *L'homme de lumière dans le soufisme iranien*, que lo llevaron al encuentro con las nociones de *mundus imaginalis*, *mundo intermedio*, *yo celeste*, *no-dónde*, *Tawīl*, *sofiología*, *sacramentum amoris*, *dhikr*, *concierto espiritual* o *fotismos*, presentes en la mística de Rûzbehân, Sorhavardî, Ibn al Farid e Ibn ʾArabī, pero que él fue asimilando y adaptando a una terminología propia, con alusiones y expresiones indirectas, si se quieren ver —sobre todo en *Bronwyn VIII* (1969), dedicado a Bronwyn-Daêna—: «no mundo», «la que surge de las aguas», «tierra del alma», «lugar lejano», «principio interior», «lo no», «el ámbito que sesga dimensiones», «sacramentaria Bronwyn», «color de transparencia», «instante sin tiempo ni espacio», «hierbas azules», «éxtasis rubio», «praderas rosas y amarillas», «puente blanco del encuentro» y otros muchos elementos de su imaginario, que para eso el poeta se expresa con imágenes. Así, los poemas tienen finales sorprendentes, como los siguientes: «*Somos la eternidad*. Blanca viniste | a convencerme, muerto», «EL PUENTE ESTÁ ESPERANDO ENTRE LAS LLAMAS».[20] No es sino una evocación de *Daêna*, la *partenaire* celeste, y del puente Chinvat, en la atmósfera

---

[20] Juan-Eduardo CIRLOT, *Bronwyn*, Siruela, Madrid, 2001, p. 272 y 274.

visionaria y simbólica del sufismo iraní. La plasmación práctica de todo ello está en *Bronwyn* y sus poemas de la época final (1966-1973) y la teórica en *Del no mundo. Aforismos* (1969), donde dio el mismo salto desde su *Ontología* (1950) que Corbin diera desde Heidegger al sufismo iraní: la entrada en un mundo de visiones y símbolos más allá del simple existencialismo. Es esta producción final en seguimiento de los místicos Rûzbehân y Sorhavardî, como ya comentara Leopoldo Azancot,[21] deudora de las doctrinas de Henry Corbin, la que se encuentra entre las más novedosas de su obra, junto al *Diccionario de símbolos*.

Por otra parte está *La «quête» de Bronwyn* (1971), donde concurrirán, junto al simbolismo místico relacionado con Oriente, también algunas de las tradiciones del Norte, como las célticas y las alto-germánicas, sobre todo, que Cirlot se encarga de iluminar nuevamente con la simbología. Los alucinados *kenningar* (imágenes de genitivo, que aprendió en Borges, Renauld-Krantz y otros autores) a veces entrelazados, coloristas y delirantes (*lirio del delirio, ramaje del oleaje*); las profundas transformaciones del paisaje y la escritura: las landas, las runas («Blandas blancuras de las landas», «Runas de los secretos de las ruinas»); el simbolismo de la doncella como búsqueda —*graal* absoluto—; y las extraordinarias letanías de aliteraciones de eles, bajo el símbolo de *la*, del caballero-poeta con que se cierra el poema, de una manera tan wagneriana. ¿Quién se resigna a no oírlo?

[21] Leopoldo AZANCOT, «El secreto de los sufíes», en *Poesía de Juan-Eduardo Cirlot* (1966-72), Editora Nacional, Madrid, 1974, p. 22-25.

Los cisnes son las alas de las almas,
las alas de las alas,
las alas de las almas de las alas,
los álamos del alma,
las almas de los álamos,
las alas de las almas de los álamos,
las almas de los álamos del alma,
las almas de las almas,
las alas en las alas de las alas,
las alas en las almas de las alas,
las olas de las almas,
las olas desoladas de las almas,
las olas de las alas,
las olas de las alas de las almas
las alas de las olas de las alas,
las alas de las olas de las almas,
las almas de las olas de las alas,
las almas de las alas de las olas,
las olas de las olas,
las alas,
las olas,
las almas

Olas de los alados aletazos,
alas de los pedazos,
alas albas.

Humano por tu mano en el pantano,
olvido de lo eterno que perdido
ángel caí del cielo hasta la guerra,
ángel de maldición por tus cabellos.

Las alas en las alas de las alas.[22]

[22] Juan-Eduardo CIRLOT, «La "quête" de Bronwyn», en *Bronwyn*, p. 520-521.

Bella poesía, bella música, bellos *kenningar* o metáforas de genitivo, como era normal en la tradición nórdica que alimenta su poesía y la estirpe de sus antepasados. Bellos símbolos: del color y la albura, del cuerpo y el alma, del vuelo y la ascensión. Bello cántico, el canto de su vida. Hermosa melodía. Ni Huidobro en su mejor voz en *Altazor* ni Paz en su vuelo más alto (*¿Águila o sol?*) se elevaron tanto.

Paralelamente, en otros poemarios, el poeta siente la imagen envolvente de Bronwyn, llena de expresión atonal, e incluso de su reverso: *anti-Bronwyn*. Los símbolos pasan al poema. Ahora sí retorna Scriabin con su música, el simbolismo musical y fonético, junto al cinematográfico: luces otras, fuegos verdes, llamas negras.

4 SIMBOLISMO MUSICAL

El simbolismo musical, que iba a ser uno de los puntos fuertes de la tradición que seguía Cirlot, además de estar en Scriabin estaba por todas partes: en Schneider, que basó todo su sistema simbólico en asimilaciones por correspondencias entre notas, colores, objetos, instrumentos musicales, letras y elementos; en Abulafia (vía Scholem y *Las grandes tendencias de la mística judía*), que comparó su doctrina de la meditación y la combinación de letras con el encuentro de dos instrumentos diferentes, el arpa y el laúd, que acercan sus sonidos sin mezclarlos, en bella conjunción, como cuenta Moshe Idel; en Schönberg, cuya *oscura armonía* producía un paisaje anímico de desvarío —estética del desvarío— presente en *Bronwyn, w* (1971); en los místicos sufíes, para quienes la *audición* musical podía asociarse a una especie de vértigo (*dehest*) o *frenesí*, y en Wagner con fondos de *Parsifal* o *Lohengrin*, rojo y blanco, con grandes tonalidades emotivas, en clave de la. Además, la música, al contrario que otras artes, era un arte estructuradora, capaz de ordenar cualquier actividad humana, incluso toda *una vida*, como pensaba y defendía Arístides Quintiliano en su tratado *Sobre la música*.[23] El mismo Cirlot había escrito:

> Creo que la música ha intervenido en la génesis de mi poesía tanto o más que las influencias poéticas; sobre todo Schönberg, Alban Berg, el Debussy del *Pelleas* y el Wagner del *Tristán y Parsifal*. Sin olvidar el prodigioso y desconocido Alexander Scriabin. Y en menor medida, Strawinsky e Ilindemith.[24]

La música, su mitología y su simbolismo. Sobre todo la germánica. ¿Cuál, en él, si no? Entre las traducciones que manejó Cirlot brilla precisamente la de un diccionario de mitología germánica, *Mitología germánica ilustrada* (1960) de Brian Branston, de la Editorial Labor, que prologó.

Tampoco es de extrañar que el arranque de sus grandes experiencias poético-musicales corran en paralelo, o vayan ligadas, a su elaboración del *Diccionario de símbolos* (1958), donde además de sobre Schneider planea sobre Scholem, Jung, Corbin, Eliade, Evola, Zimmer y Diel, entre otros. Es el caso de *Homenaje a Bécquer* (1954), comentado por Masoliver en *La Vanguardia* como una novedad mundial; *El palacio de plata* (1955), cuyo simbolismo estudió Giovanni

---

[23] Arístides QUINTILIANO, *Sobre la música*, Gredos, Madrid, 1996, p. 35-36.

[24] José CRUSET, «Juan Eduardo Cirlot. La poesía como sustitución de lo que el mundo no es», *La Vanguardia Española* (30 de marzo de 1967).

Allegra en *Trent'anni di avantguardia spagnola: da Ramón Gómez de la Serna a Juan-Eduardo Cirlot*,[25] o *La dama de Vallcarca* (1956-1957), cuyo simbolismo ha desentrañado Victoria Cirlot en varios escritos. Los poemas seguían las huellas de Abulafia, Schönberg y Schneider: hebraísmo y germanismo se entrelazaban. *Homenaje a Bécquer*, dedicado a un poeta muy germanizado también, remitía a las variaciones musicales y al paralelismo hebraico; *El Palacio*, al dodecafonismo de Schönberg y a la cábala del *Zohar* y de Abulafia; y *La dama de Vallcarca*, al mito de Géminis de Schneider y al mundo hebraico. ¿Por qué esta síntesis de germanismo y hebraísmo en aquel instante, tras las cenizas de la Segunda Guerra Mundial, cuando Celan escribía contra la *leche negra* de los exterminios? Poética de analogías: acercamiento de distancias. Ansia de conciliación, han dicho algunos. Otros lo han llamado *contradicción*: ¿no es lo mismo?, ¿qué es la analogía sino fusión de contrarios?, ¿qué es la contradicción sino analogía? Las obras, además, iban cargadas de símbolos: los del *Homenaje a Bécquer* quizás caían dentro del simbolismo *literario* —las golondrinas y las madreselvas eran elementos de la rima más famosa del poeta sevillano—, pero los de *El Palacio* y los de *La dama* arraigaban más en el simbolismo *tradicional* —el palacio, el centro, el paisaje megalítico, el mito de Géminis. De las tres obras, *La dama de Vallcarca* es la que más se acercaba a las ideas de *El origen musical* y del *Diccionario de símbolos*; sobre todo a ciertas entradas del *Diccionario*, como *montaña* o *paisaje*,

[25] Giovanni ALLEGRA, «I simboli ermetici nella poesia permutatoria di J. E. Cirlot», *Annali dell'Istituto Universitario Orientale*, Sezione Romanza, Nápoles, 1977, p. 5-42.

relacionadas con el mito de Géminis, que Cirlot proyecta sobre el paisaje del Valle de Hebrón de Barcelona, recreando una geografía visionaria, con elementos musicales, como los ríos *del olvido* (si-fa) y *de la juventud* (re), y símbolos del morir y el renacer. Así escribe, en un momento estelar, una de esas prosas alucinadas y visionarias tan suyas:

> Agitado por el lugar y el olvido, he llegado a Vallcarca [...]. La gran calle corresponde al Río del olvido; el camino tortuoso que lleva hacia la colina pedregrosa es el Río de la juventud. Aquí está pues el paisaje megalítico y aquí voy a quedarme mientras la llave pueda conocer la puerta, mientras la puerta reconozca el fulgor de la llave, mientras el gran espacio no me lleve consigo, mientras la roca roja y ávida no se transforme en lamento.[26]

El lenguaje, que parece surrealista, es simbólico; y el fondo, que parece naturalista, es místico. El libro está enmarcado en el mito del doble, del mito de Géminis de Schneider. Pero también hay un recuerdo para Schönberg, autor hebreo, el judío, que aparece al fondo. Re-conciliación.

A estas experiencias seguirán, un tiempo después, otras como las de *Bronwyn II* (1967) y *Bronwyn V* (1968), incluso *Bronwyn, z* (1969), donde partiendo de las nociones schneiderianas del *sonido creador*, relacionado con la mística sílaba *Om* (= flecha) del mundo hindú, crea bellas homofonías, en especial de monosílabos («Sé | hoy | soy | voy»), para llegar más tarde —ahora sí— a la elaboración de un sistema de simbolismo fonético propio capaz de dar

---

[26] Juan-Eduardo CIRLOT, «La dama del Vallcarca», *Correo de las artes*, núm. 4 (23 de abril de 1957).

sentido al nombre de *Bronwyn* y a todos los nombres que
el poeta re-crea en su poesía permutatoria, combinatoria
y fonética: *Bronwyn*, *Branwen*, *Bhowany*, *Bron Wyn*. Así,
el nombre de *Bronwyn*, partiendo del simbolismo céltico
Bron (cuervo, seno, altura) / *wen* (blanco), «Blanco seno»
o Cuervo blanco, se asimila con Branwen, doncella de
los *Mabinogion*. Pero también a Kali-Bhowany, la hindú,
promesa de muerte y renacimiento, Kali-Yuga, la Negra,
aquella de la que habla Zimmer en *Mitos y símbolos de la
India* (libro que Cirlot también cita). A ella precisamente, a
Bronwyn-Bhowany, irían dedicados luego sus *44 sonetos de
amor* (1971). Y a continuación, siguiendo el simbolismo fonético y cabalístico, busca equivalencias, como explica en
sus artículos originariamente publicados en *La Vanguardia* y ahora recogidos en la última edición del *Diccionario
de símbolos* (la de 1997), en la entrada *simbolismo fonético*: B = casa o cuerpo; R = acción; O = vocal afirmativa;
N = aguas primordiales, como negación y disolución en lo
informal; W (= U, vocal disolutiva, negación); Y (I = vocal
disolutiva, negación); N = aguas primordiales, como negación y disolución en lo informal, se convierte en promesa
de muerte y renacimiento, relacionada con el agua, o en la
imagen de la *shekhinah*, gracias a la permutación del Nombre oculto, como quería Abraham Abulafia,[27] para expresar
el vértigo, con la movilidad de las letras —con resonancias
mitríacas y nórdicas—, buscando el centro, la trascendencia, la *unio mistica* o *debecut*:

[27] MOSHE IDEL, *L'expérience mystique d'Abraham Aboulafia*, Cerf, París,
1989.

Yr

Yn

Yb

Yw

Yy

Yo.[28]

La clave está en la letra *yod*. Y en el número, el 10. Y la última sílaba: *Yo*. Los místicos pueden decir: *Io sono Dio* (Klee). Como dijo Hallâj, como dijo Abulafia. Lo que es parte de algo ya es él.

Aunque, para permutaciones cabalístico-dodecafónicas, ninguna tan sugestiva como las conseguidas con los versos y sintagmas cinéticos de *Bronwyn VII* (1969), que recoge el tema schneideriano del doble, de Géminis, y *Bronwyn, permutaciones* (1970), dedicada a *Bronwyn-Shekhinah*: permutaciones de la *serie básica* (germinal), *especulares* (formas espejo) *cancrizantes* (formas abrazadas, alternantes), *direccionales* (laterales, verticales, derechas y multidireccionales). Sintagmas de sintagmas. El poema se va convirtiendo en una construcción-deconstrucción, en un montaje de fragmentos cohesionados. Permutaciones vertiginosas, cinéticas, generativas y extáticas, con esa fuerza de la música, comentada por During, en la tradición sufí.[29] Sintagmas, sintagmas, que expresan en vértigo, como en las danzas giróvagas. Palabras, palabras. Sentidos donde las palabras se encuentran de repente: queman, hieren, saltan y significan. Palabras que

---

[28] Juan-Eduardo CIRLOT, «Bronwyn, n», en *Bronwyn*, p. 289.

[29] Jean DURING, *Musique et extase. L'audition mystique dans la tradition soufie*, Albin Michel, París, 1988.

separamos, como hicimos en *El poeta y sus símbolos*, palabras de *Bronwyn*, pasadas por los esquemas dodecafónicos:

> en las manos — estrellas, — en las grises.
> Las alas — de blancura — entre las hierbas
> de tu fuego — desnudo — en las pérdidas.[30]

Poesía compuesta, generativa, restauradora. La música de los símbolos. Los logros similares de otros poetas son muy posteriores, incluidos los de la poeta danesa Inger Christensen.

5 EL ARTE Y SUS SÍMBOLOS

Otras veces Cirlot se sirvió de la simbología para penetrar en las imágenes visuales y en el mundo de las artes plásticas —como crítico de arte que era, desde su época de Dau al Set—, y lo hizo también con fortuna, como decía Herbert Read en su prólogo a la edición inglesa del *Diccionario de símbolos* de Cirlot, que traducida dice: «En el curso de esta actividad crítica el señor Cirlot inevitablemente se dio cuenta del "carácter simbólico" del arte moderno. Un elemento simbólico está presente en todo el arte.»[31] Y siempre al margen del estilo de las obras, del perfil de sus creadores, sus visiones eran certeras, sugerentes. Recordemos solo a título de ejemplo sus aproximaciones a la pintura de Montserrat Gudiol; sus acercamientos a las *cosmogonías* de Vallés —así

---

[30] Juan-Eduardo CIRLOT, «Bronwyn, permutaciones», en *Bronwyn*, p. 421.

[31] Herbert READ, «Foreword», en Juan-Eduardo CIRLOT, *A dictionary of symbols*, Routledge & Kegan Paul, Londres, 1962, p. 9.

las llamaba—; o su inmersión en el mundo de las telas de
Antoni Tàpies sosteniendo que el pensamiento simbólico está
relacionado con el «arte de pensar en imágenes», con el
mundo de los símbolos. En *La significación de la pintura de
Tàpies* (1962), precisamente, enuncia:

> Respecto a la esencia y características del símbolo, podríamos
> transcribir numerosas de las definiciones que se han dado al res-
> pecto, pero bastará con dos, las cuales se refieren respectivamente
> a su estructura y a su origen. Según Diel, «un símbolo es una
> condensación expresiva y precisa». Ananda K. Coomaraswamy
> lo considera como el «arte de pensar en imágenes». El concepto
> simbólico de la imagen y de la forma reposa en la creencia de que
> *todo expresa algo*, de que los mundos de los signos y de los im-
> pulsos o expresiones se corresponden, pues todo es gradual, todo
> constituye órdenes y series; y, por consiguiente, hay correlaciones
> de situación y de sentido entre los distintos aspectos de la vida
> universal. La obra de Tàpies, precisamente, revela una orienta-
> ción hacia la expresividad simbólica.[32]

Cirlot implicaba el mundo de la pintura en la simbología. Cirlot —no olvidemos que era el más reconocido crítico de
arte de su tiempo— no solo daba títulos simbólicos muchas veces a las obras de los pintores (algunos llegaron a
ser totalmente dependientes en esto), sino que buceaba en
el fondo de sus formas, que generaban unos contenidos.
Y siempre eran el poeta y el simbólogo quienes hablaban. Y
es que Cirlot, como Schneider, recurrió a la *Psicología de
la forma* y percibió en las formas *hechos psíquicos*, y yendo

---

[32] Juan-Eduardo CIRLOT, *Significación de la pintura de Tàpies*, Seix Barral, Barcelona, 1962, p. 18.

más allá, *verdades anímicas, imágenes ignotas* que tienen un sentido simbólico.

Por ello, en su ensayo «La ideología del informalismo» (1960), próximo, también, a la fecha de publicación de su *Diccionario de símbolos*, hablaba de lo que los trazos pueden decir de la materia y su mística, y escribía:

> La tendencia a considerar el arte como creación de mundos materiales recorridos por estructuras dotadas de sentido ofrece la más absoluta conexión con la vieja teoría de las signaturas que considera el mundo físico como doble del mundo espiritual, ya que juzgaba que todas las formas de la tierra (paisaje, accidentes, materias, seres vivos, rocas, etc.) podrían ser *leídos* mediante una adecuada técnica de interpretación. Libros como la *Polygraphia universalis* de Trithemius, en el siglo XVI, y como el *Mundus subterraneus* de Kircher, en el XVII, pertenecen a esta corriente ideológica. Esta consideraba el mundo como un arcano cuyo destino era la revolución, como un sistema de jeroglíficos en espera de la gramática necesaria para su lectura. «Nada de lo que hoy está oculto dejará de ser revelado», escribió Philippe de Gabelle en *Sur la secrète philosophie*, y Georg Büchner dirá: «Las letras, las figuras, ¿quién puede leerlas?»[33]

---

[33] Juan-Eduardo CIRLOT, «Ideología del informalismo», en *Mundo de Juan-Eduardo Cirlot*, p. 153.

IV

ELÉMIRE ZOLLA:
ORIENTE Y OCCIDENTE

> Los juegos intelectuales de Zolla, al igual que los arabescos
> trazados en el aire por un gato amaestrado,
> se contemplan con estupor y fruición.
>
> GRAZIA MARCHIANÒ

> Para Zolla, uno de los ejemplos más poderosos de contacto
> realizado con éxito entre culturas mediante el uso activo de
> la imaginación es el sincretismo.
>
> IOAN P. COULIANO

> Encontrarse con Zolla es prepararse para un viaje incesante,
> de aventura: con la protección de una guía fiel que en el
> momento necesario sepa informar, enriquecido de imágenes,
> de sensaciones, de inteligencia.
>
> DORIANO FASOLI

1 ZOLLA, NO ZOLA

ZOLLA, NO ZOLA. ELÉMIRE, no Émile. Si Elémire Zolla
se sigue confundiendo con Émile Zola es por culpa de las
homofonías, puesto que no tienen nada que ver el uno con el

otro: dos siglos de distancia los separan. El último es un novelista francés del siglo XIX, autor de *La comedia humana* y representante de la vertiente narrativa del naturalismo, y el otro es un simbólogo italiano de nuestro tiempo, de los siglos XX y XXI, autor de *Salid del mundo*, uno de los cuerpos simbólicos más vivos de la actualidad. Por eso, resulta irónico que todavía se los pueda seguir confundiendo, como si de una misma figura se tratara. Ironías que a veces impone la homofonía de los nombres por parte de los distraídos, y no del destino. Tampoco Beckett era Bécquer. Ni Neruda era Cernuda. El juego de los sonidos tiene a veces esos caprichos.

Elémire Zolla es una de las figuras más controvertidas y sorprendentes de la simbología en la línea que venimos tratando, la del origen. Zolla (1926-2002) fue miembro del Istituto Ticinese di Alti Studi Italiano, junto con otros intelectuales de peso, como el egiptólogo Boris Rachewiltz, yerno de Ezra Pound, que desde su castillo de Brunnenburg revolucionó el saber del Egipto antiguo; tal vez porque «son muchos los datos que conocen los egiptólogos —señala Valentí Gómez Oliver—, pero no acostumbran a salir de su círculo».[1] El caso de Zolla es distinto: su investigación no es de un mundo, sino de mundos varios; y no trata de un espacio, sino de muchos, de acuerdo con su visión del destino *itinerante* —otros dirían *nómada*. Zolla es, sencillamente, el más importante simbólogo italiano junto con Julius Evola —el autor de *La tradición hermética*—, y ambos son igual de incisivos en sus puntos de vista. Se trata de un autor de relieve, de contrastado prestigio internacional, que fue

---

[1]   Santiago DEL REY, «Un poeta catalán y un egiptólogo novelan la vida del antiguo Egipto», *El Observador*, Cultura (28 de mayo de 1993), p. 47.

apareciendo en editoriales hispanoamericanas (por ejemplo, Sur y Monte Ávila) para llegar luego a las españolas (Debate y Paidós). Es sobre todo en las últimas donde ha publicado el grueso de su obra. Narrador, ensayista, antólogo, profesor universitario, polemista y simbólogo, Elémire Zolla tuvo una larga e interesante trayectoria, desde que en 1956 ganara el Premio Strega con su novela *Minuetto all Inferno*, a la que siguió ese mismo año la edición de su libro de ensayos *Eclipses del intelectual*, editado en Milán por Bompiani y luego en Buenos Aires por Sur con el título de *Antropología negativa*. Desde entonces, sus ediciones en italiano, inglés, francés, castellano y otras lenguas han ido en aumento. Así, pronto fue conocido por publicaciones como *Arquetipos* y *El andrógino*, que salieron primero en inglés, en 1981, y luego en castellano. Hasta llegar al año 2002, fecha de su muerte, acaecida en plena fiebre creadora. A partir de entonces:

> De ser un escritor muy desconocido —escribe Valentí Gómez Oliver— [...] su obra empieza a encontrar reconocimiento entre nosotros, que ya hace años se le profesaba a escala internacional (mundo anglosajón, culturas orientales, culturas nórdicas, y, por supuesto, en su país, Italia).[2]

El nombre de Elémire Zolla entró verdaderamente en nuestro país cuando Valentí Gómez, entonces profesor de la Universidad de Roma como él, empezó a divulgarlo en publicaciones como *Arc Voltaic*, que dirigía junto con Ramón Herreros, y en colecciones como Paidós Orientalia,

---

[2]   Valentí GÓMEZ OLIVER, «El sabio que concilió Occidente y Oriente», *La Vanguardia*, Culturas (26 de junio del 2002), p. 10.

de la Editorial Paidós. En *Arc Voltaic*, donde escribían otros estudiosos de la simbología como Julius Evola, Titus Burckhardt, Gianfranco de Turris, Andrés Ortiz-Osés, Patxi Lanceros, Ángel Crespo o el mismo Gómez Oliver, se publicaron textos de Zolla como «La finalidad de la vida» (núm. 18, 1990) o «Creatividad y revelación, pensamiento y creación de mitos» (núm. 19, 1992); e incluso semblanzas de su figura y visiones de su obra, como el célebre «Retrato de Elémire Zolla» de Grazia Marchianò o las sugestivas «Notas en torno a un libro de Elémire Zolla», de Ioan P. Couliano (núm. 19). Así, Marchianò resalta, de un trazo, su verdadera dimensión:

> El periplo de la historia de Occidente, la excavación de sus formas creativas en las artes y en las literaturas, el gran salto por mediación de la mística cristiana y de la alquimia a las filosofías orientales y al chamanismo indígena, que han conferido a su visión del mundo una plenitud compacta, pero también una ductilidad mercurial que le permite enriquecerse y renovarse incesantemente, absorber y asimilar nuevas dimensiones de la investigación y del conocimiento [...].[3]

Por su parte, Ioan P. Couliano —el conocido autor del *Diccionario de las religiones* junto con Eliade—, al revisar una de las obras de Zolla (*Verdades secretas expuestas a la evidencia*) para el que sería el último artículo de su vida, pues murió antes de verlo publicado, destaca su capacidad para trazar «un panorama de gran frescura del pasado mediante

[3] Grazia MARCHIANÒ, «Retrato de Elémire Zolla», *Arc Voltaic*, núm. 19, I, p. 5.

cambios de perspectiva fulgurantes».⁴ Y es ese otro rasgo de
la calidad escrituraria de Zolla: la capacidad para abarcar
mundos amplios y densos y la pasión para llevarlos a cabo.
Unos años después, pasados los noventa, su obra alcanzó la
máxima difusión con una larga sucesión de títulos, entre los
que se encuentran *Auras, La amante invisible, Una introducción a la alquimia, Las tres vías, La nube en el telar, Verdades secretas expuestas a la evidencia, Qué es la tradición* y los
cuatro volúmenes de historia de *Los místicos de Occidente*.
Un récord editorial. Ningún otro simbólogo, ni español ni
extranjero, ha obtenido en nuestro país un trato semejante,
ni siquiera Eliade o Jung, que siempre se habían considerado unos valores firmes, seguros. Tiempo después, incluso
fue incluido en la selección crítica *La simbología. Grandes
figuras de la ciencia de los símbolos*, con una presencia doble:
un artículo suyo sobre su maestro Marius Schneider y un
testimonio de Gómez Oliver sobre él. Y es que Elémire Zolla
resultaba sorpresivo, incluso por su conocimiento de la otra
cábala española, la del sonido, la de Abulafia, estudiada por
Moshe Idel, y por sus estudios de Schneider, como mostró
en su obra clave *Uscite dal mondo* ('Salid del mundo').

2 LA REVUELTA CONTRA EL MUNDO MODERNO

Hijo de un pintor y una pianista y de formación plurilin-
güe —inglesa, francesa e italiana—, Zolla sintió enseguida

⁴ Ioan P. COULIANO, «Revelación y creación. Notas en torno a Elémire
Zolla», *Arc Voltaic*, núm. 19 (enero de 1992) 1, p. 5-6.

un especial interés por las culturas foráneas, sobre todo las antiguas y las orientales, y fue siempre sensible a cuanto emigra y se mueve o cambia de residencia, porque la inmovilidad y el sedentarismo le resultaban aborrecibles. Ya desde niño viajó por otros países y de adolescente se sentía incómodo si se quedaba quieto en su mismo lugar, como su Turín natal, según confiesa en *Un destino itinerante. Conversaciones entre Occidente y Oriente* (1995), una especie de breviario intelectual escrito en colaboración con Doriano Fasoli. Por eso, pronunció aquel irónico *adiós* a la «molesta juventud turinesa» para emprender otras orientaciones que lo llevarían por un camino iniciático, universal. Camino que encontró al conocer varios maestros del *zazen*, del hasidismo, de la alquimia, del hinduismo y del taoísmo, que lo llevaron a interesarse por distintos aspectos de los estudios tradicionales, como el universo de la mística en general, el yoga o el chamanismo. Ya hacia los siete años adoraba ciertas obras alejadas del gusto ordinario, como *Alicia en el país de las maravillas* y el *Tao Te King*. Importantes para su formación fueron también las grandes obras universales clásicas de Homero, Dante, Murasaki, Rabelais, Shakespeare, Blake y Leopardi, además de la Biblia y las Upanishads; pero también las de autores modernos y contemporáneos: Melville, Dickinson, Sade, Proust, Bataille, Yeats, Joyce, Borges, Nietzsche, Wagner, Kafka y Freud. Sin olvidar a ciertos simbólogos como Massignon (*La pasión de Hallâj*), Guénon (*La gran tríada*, *El esoterismo de Dante*), Corbin (*En islam iranien*), Eliade (*Iniciaciones místicas*, *Yoga, inmortalidad y libertad*), Tucci (*Budismo*, *Teoría y práctica del Mandala*), Marius Schneider (*Las piedras cantan*, *El significado de la música*) y Moshe Idel (*Cábala. Nuevas perspectivas*); particularmente los dos últimos, por quienes sentía especial fervor.

Schneider, en concreto, era venerado por él como un amigo y como un maestro. Por eso, escribe sobre su influjo en *Un destino itinerante*: «Sobre todo fue una enseñanza muy íntima que me formó. Hasta aquel momento no había conocido ningún ser magistral, capaz de encarnar visiblemente una sabiduría.»[5] Y años más tarde volvía a repetir, aún con mayor contundencia, la incidencia que el alemán tuvo en su visión del mundo:

> Sin ninguna clase de dudas, el maestro que más me ha impresionado ha sido Marius Schneider. Podría añadir a casi todos los grandes maestros del siglo XX, desde los símbólogos astrales y de la escuela de Leipzig, pasando por Frobenius, E. Guénon, S. Weil, A. Coomaraswamy, hasta llegar a Eliade, Corbin, Durand […]. Sin embargo, para mí, el más interesante ha sido Marius Schneider, puesto que fue él quien relacionó la musicología con la simbología, un punto muy importante.[6]

Zolla llega incluso a manejar una concepción del símbolo y del universo que están muy cercanas de la enunciada antes por Schneider, sobre todo cuando toca el tema de las relaciones, las correspondencias y las analogías, una cercanía que no oculta, sino que reafirma con cierto orgullo, a pesar de que es cierto que él avanza desde ahí hacia otras zonas:

> La simbología está basada en relaciones de objetividad; en absoluto es arbitraria. En una perspectiva simbológica, todo está en realidad situado en una parrilla de correspondencias analógicas. Los diver-

---

[5]   Elémire ZOLLA / Doriano FASOLI, *Un destino itinerante. Conversazioni tra Occidente e Oriente*, Marsilio, Venecia, 1995, p. 64.

[6]   Valentí GÓMEZ OLIVER, «Entrevista a Elémire Zolla», *La Vanguardia / Libros* (10 de noviembre del 2000), p. 4.

sos objetos visibles son análogos entre sí, siempre que sean análogos a nivel acústico, siempre que mantengan un ritmo idéntico. Este es el principio sobre el que se basaba Marius Schneider. Los arquetipos, de acuerdo con este principio, coinciden con los ritmos fundamentales, los cuales, muy a menudo, son los de los principales movimientos celestes, y también lo hacen con las relaciones numéricas que los definen. El conocimiento simbólico puede captar instantáneamente, sin necesidad de fundarse como discurso, toda una retahíla de analogías. Es como un rayo-forma de tipo fractal: revela un campo de analogías, un área de parrilla simbólica.[7]

Schneider también lo reafirmó en lo que ya creía: en la sabiduría de los orientales, en el pensamiento de los primitivos y los medievales, como también le ocurrió a Cirlot, y en sus críticas contra las fantasías y los descuidos del mundo moderno, con el que no coincidía.

Ya desde los comienzos, en su libro *Eclipses del intelectual* (1956) —traducido como *Antropología negativa* (1960)—, Zolla se preocupaba por la recepción del pensamiento simbólico en nuestro tiempo y su pervivencia en un medio en el que, como señala René Guénon, es «el reino de la cantidad»; es decir, el de la loca producción de artefactos, que tratan al ser humano como algo mecánico, desconocido de sí mismo, desconocedor de unos valores esenciales. Efectivamente, ya Guénon había criticado ese punto de vista «que se caracteriza ante todo por la reiterada pretensión de reducirlo todo a la cantidad, prescindiendo, por añadidura, de todo cuanto no se presta a ese tratamiento y considerándolo como algo inexistente».[8]

---

[7] *Ibidem.*

[8] René GUÉNON, *El reino de la cantidad y los signos de los tiempos*, Ayuso, Madrid, 1976, p. 76.

¿Dónde iba, entonces, el otro reino, el de la metáfora misma y el de lo simbólico y lo mítico? ¿Qué hacía en el tiempo llamado *moderno*? Zolla piensa que, pese a la fe en lo práctico y la confianza en lo inútil, «hoy la tradición mística no se ha perdido. Continúa en los lugares más impensables».[9] Por ello, al hablar de «industria y literatura», arranca con una cita de Molinos sobre la nada y la desnudez: «En este taller de la nada [...] se alcanza la calma y se limpia el corazón de toda clase de imperfecciones. ¡Oh, qué tesoros descubrirías si habitaras la nada!»[10] Y por lo mismo cita a Goethe cuando denuncia el gran «ruido» que significó el pensamiento de los enciclopedistas en el siglo XVIII, que tiró muchas cosas bellas por tierra: «Cuando oíamos hablar de los enciclopedistas [...] ante el estruendoso girar y resonar [...] nos molesta hasta el traje que llevamos sobre el cuerpo.»[11] Por eso, también, se extraña de la facilidad con que los intelectuales aceptaron el cambio de los tiempos hacia el mercantilismo en nombre de un mal entendido progresismo; excepto William Blake —siempre Blake—, que sí percibió los horrores del mundo que estaba naciendo:

> William Blake fue quien adivinó todos los horrores que se preparaban, quien sintió la amenaza que pendía de la misma mano del hombre, condenado por la máquina a perder su capacidad de plasmar a lo vivo la materia o de crear libremente, en la belleza, los objetos destinados al uso cotidiano.[12]

[9] Valentí GÓMEZ OLIVER, «Entrevista a Elémire Zolla».
[10] Citado en Elémire ZOLLA, *Antropología negativa*, Sur, Buenos Aires, 1960, p. 9.
[11] *Ibid.*, p. 11.
[12] *Ibid.*, p. 13.

Y cita, como un ejemplo entre otros muchos, un texto profético, apocalíptico, de los *Cuatro Zoas*: «Y todas las artes de la vida mutaron en artes de muerte.»[13] Con cierta ironía, también, se ocupa de un nuevo tipo que en la era industrial sustituye al arquetipo, el del jugador, cuya única baza depende de la suerte y no de la lucha o de la superación. Por eso le resulta molesto que «el arquetipo del guerrero y del agricultor geórgico sea sustituido por el del jugador, no de un juego de vértigo o de destreza, sino de azar».[14] Lo que es una sumisión. Lo preocupa la idea de que tal jugador, el hombre, se cosifique, se convierta en una herramienta, en un objeto: «El hombre ya no es ni siquiera jugador sino pieza, debe convertirse en cosa».[15] Con ideas semejantes expone su *antropología negativa*, que da título a la versión castellana, donde satiriza al *hombre masa* (ciego, sordo, manco, esclavo) y la caída del gusto en el *kitsch*, que contamina incluso las relaciones amorosas. Además, aborda otros temas candentes, como el de las regresiones mágicas o las regresiones en la droga, especialmente en referencia a la literatura y el arte. Así, se presentaba como un autor a la contra en tiempos del Mayo francés y los movimientos juveniles de los sesenta, fiel a la corriente de la *tradición*, como dice Gómez Oliver.[16] Después, en *Historia del fantasear* —traducido con el título *Historia de la imaginación viciosa* (1978)— y otros libros —*Vulgaridad y dolor* (1962),

---

[13] *Ibidem.*
[14] *Ibid.*, p. 89.
[15] *Ibid.*, p. 106.
[16] Valentí GÓMEZ OLIVER, «Elémire Zolla, la refulgente levedad de un aura silenciosa», prólogo a Elémire ZOLLA, *Nube del telar*, Paidós, Barcelona, 2002, p. 9-12.

*La potencia del ánima, Los místicos de Occidente, Los literatos
y el chamanismo* (1969)— Zolla volvería a la carga contra
los males del mundo moderno.

En *Historia del fantasear* da un paso hacia el interior y
penetra también en el reino de los sueños y la poesía —en
especial la romántica y la simbolista— y en el de la prosa
imaginativa — la de Swedenborg o Sade, Kafka o Joyce—,
desentrañando las diferencias entre fantasía, imaginación y
sueño, a la vez que advierte de los peligros de la distracción o
la divagación. Por ello, no es extraño que pronto se tropiece
con poetas como Coleridge —autor de *Biographia literaria*,
sobre la imaginación, y de *Kubla Khan*, sobre una *visión*— o
con Keats, Shelley, Nerval y otros hijos de la imaginación.
Para él, la *fantasía* es una olla de grillos, inquietos y capri-
chosos, lo más opuesto a las abejas, graves y majestuosas
(sagradas), mientras el «sueño» tiene varios rostros (sueño,
ensoñación, delirio, visión, alucinación, vigilia). Zolla considera perniciosa la fantasía, pues quien fantasea es víctima
del desdoblamiento y del engaño, como el doctor Jeckyll, de
Stevenson, que se convierte en otro, en un extraño; algo que
no le ocurre, según él, a una mente despierta, como la de
Wodsworth. Por ello, no salva ni a Nerval ni a Swedenborg,
hijos de la ensoñación diurna (*rêverie*), que mezclan fantasía
con símbolos de misterios (sagrados). Así, sobre el autor de
Las quimeras escribe: «Gérard de Nerval celebró el sueño
como segunda vida […], una fantasía tan ineluctable que
adquiere aspecto de alucinación involuntaria.»[17] Mientras
que sobre el autor de *Planetas y ángeles* escribe: «La *rêverie*

[17] Elémire ZOLLA, *Historia de la imaginación viciosa*, Monte Ávila, Caracas, 1978, p. 106.

de Swedenborg es tan cotidiana como extravagante [...], los diálogos con los habitantes del más allá son insulsos, como conversaciones burguesas.»[18] Y algo parecido opina de algunas «verborragias» de Rimbaud y de ciertas *invocaciones* de Baudelaire: que tampoco rehúyen las fantasías. ¿Qué es, entonces, lo que propone? Estar despiertos, atentos, vigilantes, interrumpir las divagaciones, regular los sueños o, como decía Pitágoras: «*Haz lo que haces*, es decir, atiende el presente.»[19] Es evidente que no podemos estar de acuerdo en todo, pero el tratado resulta interesante. Lo mismo que *Los escritores y el chamanismo* (1969), estudio diacrónico sobre su imagen en la literatura norteamericana que, como profesor en la materia, dominaba.

3   MIGRACIONES INTERIORES

Siguieron —después de la llamada *prueba narrativa*— las *migraciones interiores* de obras como *Qué es la tradición* (1988), *Arquetipos* (1981), *Andrógino* (1981), *Auras* (1985), *La amante invisible* (1986), *Verdades secretas expuestas a la evidencia* (1990), *Uscite dal mondo* (1992), *Lo stupore infantile* (1994) y *La nube del telar* (1996), y paralelamente, dirigiría su revista *Conoscenza religiosa* (1969-1983), donde colaboró también Marius Schneider. Una gran actividad. Es decir, toda una serie de textos que definen la orientación de su mundo: el secreto de la tradición, el viaje a los orígenes, la conciliación entre Occidente y Oriente. Realiza así todo un tejido de escritos,

[18]   *Ibid.*, p. 100.
[19]   *Ibid.*, p. 29.

entre el pasado y el presente, lo occidental y lo oriental, lo exterior y lo interior, situados frente a frente, buscando ahora respuestas más que preguntas. Como antes de él Guénon y Schneider, se decide por una actitud contraria al *ritmo de los tiempos*, quizás porque, como dijo Cirlot a Breton, no se puede traicionar a la tradición con ninguna novedad. Todo se reorienta con *Qué es la tradición* (1971), que trata de rescatar un mundo cuando muchos lo iban abandonando. ¿Historia de un error? El autor lamenta en el prólogo, una vez más, la ligereza con que los occidentales aceptaron la *revolución cultural*, que sustituía la *cultura del comentario*, la de los textos, por la *cultura de la crítica*, la de la nada, la del luzbélico y arlequinado *espíritu de la tierra*. Según Zolla, a partir del siglo XVII —de Descartes a Diderot— la ciencia pasó a ser la nueva religión, el Babel moderno, arrasando la metáfora, verdadera imagen del mundo, marginando la contemplación y creando perversos dogmas, tales como la *inversión* de las antiguas doctrinas, la *nivelación* por criterios fisiológicos y la fe en la *acción*. Por ello, propone una *vuelta* a la contemplación. Realiza así una crítica al mundo moderno parecida a la que hacía Cirlot cuando citaba a Martin Buber: *Imago mundi nova, imago nulla*. Y a partir de ahí asienta las bases de su pensamiento, empezando por la definición misma de tradición y siguiendo por su imagen, la del simbolismo de la ciudad perfecta, la ciudad primigenia, y los ritos fundacionales, de los que ya hablaran Frobenius o Schneider. La ciudad, Roma o Jerusalén, con su imagen del centro, es la ciudad viva, frente a la ciudad muerta o de la desolación y los hombres vacíos: la «Burnt Norton» de los *Cuatro cuartetos* y la de *Tierra baldía* de Eliot. *Tradición* es aquello que «se transmite», dice rozando la evidencia, pero distingue varias tradiciones: a él le interesa la de lo sagrado, no la de los hombres huecos.[20] Zolla defiende la tradicionalidad en tiempos contrarios, buscando las huellas vivas, donde alcanza momentos memorables, como su admirado Coomaraswamy, que hizo lo propio en *Arte tradicional y simbolismo*.

El simbólogo no se limitará a hablar de estos temas u otros parecidos, sino que buscará sus auténticas raíces. Así, en *Auras* (1985), después de definir el mito del *aura* y de renegar de Occidente, con un adiós semejante a aquel de su juventud turinesa, estudia el tema según Oriente, pasando por el mundo hindú, el balinés, el persa, el israelí, el chino o el coreano. Es muy de Zolla este vuelo abarcador de grandes distancias, buscando equivalencias entre distintas culturas y ámbitos. Así, la palabra *aura*, en latín *fascinatio*, como si fuera la brisa, se puede convertir en *torbellino* si un guerrero, por ejemplo, echa chispas; mientras que en sánscrito *srî* puede producir sensación de *lustre, esplendor, gloria, belleza, bienestar, majestad, fortuna*.[21] Interesante es también la asociación que establece con el gesto, el ritmo y la danza, artes del movimiento: el baile de la tarantela italiana, las danzas *kathakali* de los hombres-muñecas hindúes,[22] el yoga balinés o el *dhikr* de los sufíes con movimientos de cabeza. Son formas de interiorización, transportes, vías. Lo mismo sucede con su libro *Verdades secretas expuestas a la evidencia* (1990), donde Zolla dará un paso más y expondrá su idea de *sincretismo*, superando nociones

[20] Elémire ZOLLA, *Qué es la tradición*, Paidós, Barcelona, 2003, p. 117-203.

[21] Elémire ZOLLA, *Auras. Culturas, lugares y ritos*, Paidós, Barcelona, 1994, p. 13 y 67.

[22] *Ibid.*, p. 70.

como Ilustración, Romanticismo y vanguardia, para él ya insuficientes para acercarse a las filosofías socráticas e hindúes, a la imaginación y sus usos, a la vigilia y el sueño, a la contemplación y la posesión; o a distintos mitos, como el de Hermes, el del andrógino o el de Circe. «El *sincretismo* —como escribe Ioan P. Couliano— rompe las barreras; permite superar los prejuicios, incorporarlo todo y de forma generosa, en la propia cultura, partiendo de una clave hermenéutica que trasciende a las partes en cuestión.»[23] El verdadero argumento del libro será, entonces, la revelación, como señala el mismo Couliano. La revelación y la creación: la contemplación. Un camino interior, como también lo serían *Las tres vías* (1995), fruto de una larga estancia en Oriente, libro en donde defiende tres caminos de liberación: el de la *lógica* o conocimiento, el de la *devoción* o sentimiento, y el del *ultraje* o tántrico; caminos que se aferran a la tradición, en especial a la hindú: la del Gitagovinda, el Rigveda, las Upanishads y otras. Y algo parecido ocurre en *La nube del telar* (1996), donde confronta la lucha entre racionalidad e irracionalidad, entre Oriente y Occidente, volteando épocas y culturas, enfrentando valores, buscando fórmulas de conciliación. Se advierte así, en estas obras, el estilo propio de Zolla, con sus frecuentes saltos culturales, su búsqueda de la unidad en la variedad, su interés por los étimos, su regreso a las fuentes, al origen, al Uno: el Oriente. Así, en *Las tres vías*, escribe: «El "Himno de la creación" (Rigveda, X, 129,4) sitúa en el origen, o mejor dicho, en la esencia del ser (*agre*), una unidad sin atributos o una cualidad objetiva (*ekam* o *tat*), aquel Uno que, dice el himno,

---

[23] Ioan P. Couliano, «Revelación y creación», p. 5-6.

estaba basado en sí mismo y respiraba sin aliento, en cuanto puramente potencial.»[24]

4 LOS ARQUETIPOS

Aunque el término *arquetipo* es junguiano, Zolla no teme servirse de él. Lo hace especialmente en dos de sus primeros libros y en uno posterior, que poseen cierto aire de familia: *Los arquetipos* (1984), *Androginia* (1981) y *La amante invisible* (1986). El primero, *Los arquetipos*, trata de mostrar la universalidad de esta noción y su influencia. Los arquetipos, en un sistema de equivalencias, son como los ritmos esenciales. Son fuerzas unificadoras. Por eso, señala su acción ordenadora, coercitiva y directora: «Un arquetipo es lo que puede en forma permanente ordenar los objetos, reunir las emociones y dirigir los pensamientos.»[25] La dificultad viene a la hora de definirlos, no de identificarlos, pues no son definibles. Por eso recurre a distintos símiles: la nube cambiante, el agua imprevisible, el sello identificador, el remolino del vórtice, el magnetismo del imán, la figura de la rosa. Zolla realiza un viaje a través de los números, de los nombres, de la política y de la poesía, y va exponiendo su teoría, llena de sugerencias, acompañándose con la voz de los poetas. Así, al hablar de los números, considera los arquetipos como *patrones de medida*, e incide en la importancia de la unidad y la «vuelta al Uno»,[26] pues «un número se convierte en normal, o arquetipo, cuando simboliza o representa a la unidad».[27]

[24] Elémire ZOLLA, *Las tres vías,* Paidós, Barcelona, 1997, p. 57.
[25] Elémire ZOLLA, *Los arquetipos*, Monte Ávila, Caracas, 1984, p. 102.
[26] *Ibid.*, p. 59.
[27] *Ibid.*, p. 63.

Lo ilustra o adorna con unos versos de Emily Dickinson, de sabio decir:

> Uno y uno —son Uno.
> El dos —(que se ha dejado de usar)
> Está bien en las escuelas
> no para las escogencias menores—
> Vida —solamente acaso— o la muerte
> o lo eterno
> Mas —sería demasiado vasto
> para la comprensión del alma.[28]

Así, en un número arquetípico como el 10, número pitagórico, se encuentra todo diez: la decena, la década, el decimal, el decenio, diezmo y el diezmar. Luego, al hablar de los nombres, recuerda que *nombrar* es *descubrir el arquetipo controlador*, y al hacerlo acuña afirmaciones como que «las cosas son las sombras de sus nombres, ya que los nombres las enlazan con sus arquetipos» y que «el arquetipo decide lo que la cosa es».[29] Los arquetipos son vistos como realidades vivas, y al hablar de ellos Zolla recurre siempre a los poetas —ahora Wordsworth, Shelley y Yeats— y a las tradiciones esotéricas, especialmente las mágicas y orientales. No encuentra un sistema arquetipo perfecto, salvo el de los ewes y los dogones, estudiados por Frobenius y Schneider, donde halla alguna de las claves de las relaciones internas esperables, aquellas que enlazan todos los órdenes del universo:

---

[28] *Ibid.*, p. 60.
[29] *Ibid.*, p. 84 y 90.

Un sistema arquetípico digno de su nombre, tal como el que todavía encontramos en los ewes y los dogones, asigna a cada arquetipo, imaginado como un dios, un significado o símbolo peculiar en cada nivel del ser. Se crea entonces una red o cuadrícula que conecta entre sí un número particular y una figura geométrica, un ritmo, un timbre y una nota, un instrumento musical, un utensilio y un arma, una piedra y un metal, una hierba y un animal, una parte del año y una porción del espacio, un color, un olor y un sabor, una sección del cuerpo y una característica humana, una estrella.[30]

Su viaje continúa después por los arquetipos en la política —Rómulo y el origen de la ciudad— y en la poesía para aparcar en el terreno de esta última, donde *el silencio es la matriz*, y anunciar incluso una *poesía arquetípica*, pues la poesía es «el arte de describir los arquetipos», y el poeta, el ser «*poseído* por el arquetipo».[31] Zolla se sitúa bajo la advocación de voces de su particular fervor, como otras veces, entre ellas, las de William Blake —autor de *Matrimonio del cielo y del infierno*, símbolo de la conjunción— y Carl G. Jung —autor *Los tipos psicológicos*, donde el poeta tiene un valor. Blake, el poeta más afín al mundo de la tradición, el del *simbolismo que sabe* de Coomaraswamy; Jung, el difusor de la noción de *arquetipo*, el simbólogo del arte y la poesía. Este último había escrito: «Por eso no pueden dejarnos fríos los poetas, porque en sus obras cardinales y en sus inspiraciones más hondas se nutren de las profundidades del subconsciente colectivo y dicen en voz alta lo que los otros solo sueñan.»[32]

[30] *Ibid.*, p. 97.
[31] *Ibid.*, p. 137 y 151.
[32] Carl Gustav JUNG, *Los tipos psicológicos*, vol. I, Edhasa, Barcelona, 1971, p. 257.

En otra obra, *Androginia* (1981), se centra en otro de sus arquetipos preferidos, el del andrógino, al que considera un *arquetipo andante*; pero pasándolo, como otras veces, por el tamiz de diversas culturas: la judía, la griega, la india o la cristiana. El andrógino vaga por la tierra: tropezarse con él es casi inevitable, advierte. Está en muchas partes. En todos los lugares. Es un símbolo de identidad en diversos sistemas de creencias. Aparece incluso en varias obras literarias de renombre, como *El banquete* de Platón, *Seraphita* de Balzac, *El hombre sin atributos* de Musil, *María Sabina* de Cela o en los *Artículos* de Cirlot. También está presente en el del grabado, la escultura, la pintura y otros ámbitos: las iconografías de Juan el Bautista y Juan Evangelista, las pinturas de Blake o Magritte, las imágenes de Siva, los grabados alquímicos, las fotografías de travestidos, las danzas de Nijinsky, los dibujos de Leonardo o los fotogramas del cine. Como mujer-hombre o como hombre-mujer, con una o con dos cabezas, como una Y, el andrógino es siempre un símbolo de la unidad, de la conjunción, de la fusión o de la ambigüedad. Andrógino «es igual a: +1 -1 = 0».[33]

En cuanto a *La amante invisible* (1986), subtitulado *Erótica chamánica en la literatura y en la legitimación política*, se trata de otro arquetipo: el de la amada celeste o la dama o esposa espiritual, presente en varias culturas. Zolla busca su imagen detrás de la teoría del matrimonio místico y de los sistemas de las grandes religiones, pero sobre todo en obras literarias, nuevamente; y es en este último ámbito donde despliega un abanico más amplio y sugestivo de

---

[33] Elémire ZOLLA, *Androginia. La fusión de los sexos*, Debate, Madrid, 1990, p. 5.

manifestaciones: en los textos hindúes e islámicos, en el mundo cortés provenzal y en el petrarquismo, en los románticos ingleses y en las culturas rusas o en las americanas, o en el cuento tradicional. En todas partes. Es Lilith, Shekhinah, Daêna, Sigrdridfa, Beatriz, Laura, Venus, Selene, Sophia, Virgilia. Retoma así una figura que vuelve con fuerza detrás de un olvidado olvido, pero que impregna la sangre que hay detrás de la piel del mito.

5   ALQUIMIA, MÍSTICA Y TRANSFORMACIÓN

Entre sus incursiones en otros ámbitos tradicionales, destaca su viaje al corazón de la alquimia y el realizado a través de la mística occidental. El primero lo llevó a cabo en *Una introducción a la alquimia* (1991), que al principio llamó *Las maravillas de la naturaleza*. El segundo lo realizó en *Los místicos de Occidente* (1963-1997), en cuatro generosos volúmenes. *Una introducción a la alquimia*, después de los estudios de Julius Evola y Titus Burckhardt sobre la materia —*La tradición hermética* y *Alquimia*—, no deja de ser un libro sorprendente. Si Evola se centró en los símbolos y las doctrinas —árbol, serpiente, *ouroboros*, mujer, agua, sal, azufre, oro y planetas— y en el arte regia hermética —negro, blanco, plata, rojo, y otros—, y si Burckhardt trazó su historia, y trató de sus elementos y su significado dentro de la *Obra* —materia por dominar, etapas, atanor, alquimia de la oración y la *Tabla Esmeraldina*—, Zolla optará por centrarse en las *maravillas de la naturaleza*, es decir, en las cualidades, la numerología, el evangelio alquímico y las reflexiones sobre las tradiciones alquímicas y los alquimistas. Y ello, yendo en contra de la frecuente visión negativa de la

existencia y ofreciendo una solución más ilusionante: ir a las
fuentes, absorber la luz; pues «la vida misma sobre la tierra es
una luz que regresa a la luz».[34] No es que sea la alquimia en
el país de las maravillas; es que, partiendo de Llull —*Libro de
las maravillas*—, ve en cada elemento existente algo más de lo
que, en principio, es visible. Se pregunta «cómo se puede volver
a adquirir la sensibilidad y las artes alquímicas»; y se responde
que «mirando a nuestro alrededor con entusiasmo».[35] Ese es el
secreto, según Zolla, del arte alquímico o de cualquier sabiduría:
el entusiasmo. Y desde ahí repasa toda la belleza que es o que
hay el mundo cuando es observado con ojos maravillados: «El
mundo es un animal grande y perfecto», dice parafraseando a
Campanella.[36] La alquimia es transformación, metamorfosis.
Transformación del animal humano que somos. Lo primero es
saber ver, percibir bien por los sentidos, captar la cualidad: la
vista como puerta del fuego, el paladar puerta del agua, el tacto
puerta de la tierra, el aire como espíritu creador, vivificante.
Las citas de Petrarca, el poeta de Laura (el aire), y de Dante, el
poeta del fuego (el laureado), no son gratuitas. Zolla crea un
libro para paladear la lectura: un libro como un viaje o como
un banquete de imágenes *fitomórficas* (hierbas, hojas, raíces,
granos, troncos, flores y semillas), *numéricas* (el uno y la tríada,
el septenario y la piedra filosofal, el dodecanario y los signos del
zodíaco, el nueve y el símbolo de la rueda), *cromáticas* («todo
es luz»), *nocionales* (textos, secretos, cuerpo de gloria, alma
del mundo y más allá; semilla, sal, ojo, lámpara y fermento),
itinerantes (de orientales, antiguos, medievales y modernos).

---

[34] Elémire ZOLLA, *Una introducción a la alquimia* (1991), Paidós, Barcelona, 2003, p. 21.
[35] *Ibid.*, p. 19-20.
[36] *Ibidem*

Un libro para el paladar. Para paladear. Un banquete de la lectura. Un *convivium*.

Fundamental es también su otro viaje de envergadura, su otra gran aventura: *Místicos de Occidente*, I-IV (1963-1997). Se trata de un verdadero paseo por los mundos antiguo y pagano, cristiano y los que vienen después. Viaje «De la E a la Z: Elémire Zolla, un estudioso de los místicos y algo más», como señala Gómez Oliver; algo así como «el corazón de su obra».[37] El proyecto venía de 1960 y se fue completando entre 1963 y 1997, en cuatro volúmenes. Casi cuarenta años. Fue una «obra concebida por amor, dice su autor, fruto de una diversión más que de un gran esfuerzo».[38] Pero ¿qué es la mística?: «Hay mil caminos —dice Zolla—. Unos pueden ser opuestos a otros [...]. La definición más precisa, sin embargo, son muy pocos quienes la recuerdan: es la del quietismo, la de Miguel de Molinos, por ejemplo.»[39] La distribución de la obra en cuatro libros obedece a un criterio metodológico, lo mismo que el origen. Pero ¿por qué se detiene en el siglo XVIII? Lo explica también el autor: «Porque a partir de entonces, del XVIII, cesa el gran estilo de la mística»; aunque admite que dicha tradición no desapareció, sino que solo comenzó a ceder, cuando Nietzsche trató de rescatar el mundo de Dionisos.[40] Zolla realiza la historia y antología de unos saberes para convertirlos en vivencia, no solo en memoria, y señala los itinerarios posibles. El volumen I, con una extensa introducción, está dedicado al mundo antiguo pagano y cristiano. Zolla

---

[37] Valentí GÓMEZ OLIVER, «Prólogo», en Elémire ZOLLA, *Los místicos de Occidente*, vol. I, Paidós, Barcelona, 2000, p. 13-16.

[38] *Ibid.*, p. 15.

[39] *Ibid.*, p. 16.

[40] *Ibidem*.

entiende la mística como una iniciación, propia de una época «en la que el hombre todavía está en armonía con su mundo social y cósmico, donde él se siente un microcosmos».[41] Es una época zodiacal, de contemplación y lectura del cielo, de la que Athanasius Kircher recogía los últimos vestigios; una época de armonía con la naturaleza, de los mitos y los símbolos, de la condición acústica, donde el oído ve; de la matemática iniciática de los números. Es el mundo antiguo pagano de Platón, Orfeo, Pitágoras, los oráculos caldeos, Hermes Trismegisto, la *Tabula Esmeraldina*, Cicerón, Filón, Marco Aurelio, Arístides, Zósimo y Plotino. Pero también el mundo cristiano de los Evangelios, Valentín, Tertuliano, Orígenes, Agustín y Dionisio Areopagita. Zolla es pródigo y no se ahorra esfuerzos: ofrece abundantes muestras de los dos aspectos que en lo sucesivo serán una constante en cada libro de la serie, esto es, la biobliografía y la antología. Se reúnen así textos míticos como *La Tabla de Esmeralda* o el *Sueño de Escipión*, generalmente perdidos en el mar de publicaciones del esoterismo. El propósito de Zolla es recordarnos lo que fuimos o donde creemos que no estamos.

El volumen II, dedicado a la mística medieval, no solo no es menos sorpresivo, sino que incluso, en ciertos aspectos, lo es más. Es el momento de los grandes nombres y las grandes corrientes del cristianismo medieval: Hildegarda de Bingen, Alberto Magno, el maniqueísmo, los dominicos, el franciscanismo, Robert de Boron, Ramón Llull, Jan van Ruysbroeck, Eckhart, Suso, san Vicente Ferrer, Tomás de Kempis, el Cartujano, Dante y santa Catalina de Siena. Entre todos ellos, destaca, para nosotros, el mundo de

---

[41] *Ibid.*, p. 27.

Hildegarda de Bingen, la monja polifacética —abadesa, música, poeta, pintora y visionaria—, una mujer influyente en su época, con sus libros *Scivias* ('Conoce los caminos') y *Liber divinorum operum* ('Libro de las obras divinas'), con sus gráficos de personajes circunscritos y su simbolismo místico del círculo, con sus elementos alucinados, los ojos y las alas. También resaltan Jacopone, con su poema de *Laudes* y sus dichos; Robert de Boron, con su texto del Grial; Ramón Llull, con sus fragmentos del *Libro de maravillas*, de los *Proverbios*, de *Blanquerna*, del *Libro del amigo y del Amado*; Eckhart, con su *Soledad y sus Nadas*; Catalina de Siena, con sus tratados. Un volumen extenso e intenso. Un libro lleno de sabiduría. Sugestivo. Así, Hildegarda de Bingen, en estos versos, evoca la figura circunscrita, que tiene su tradición en el simbolismo de Occidente:

> La imagen en forma de hombre
> en el centro de la antedicha rueda:
> el hombre aparece en la punta con pies y manos extendidas,
> casi tocando el círculo del aire fuerte, blanco y luminoso;
> qué significa tal imagen en sí y en su posición.[42]

Los volúmenes III y IV tratan de los místicos de Occidente en la Edad Moderna, en los siglos XVI y XVII: en uno aparecen los autores italianos y los del norte (ingleses, alemanes, flamencos) y en otro de los franceses e ibéricos (españoles y portugueses). Una distribución acertada: ¿de qué otra forma abordarlos? En el volumen III aparecen las grandes figuras del segundo Renacimiento, manierismo y Barroco italiano

---

[42] *Ibid.*, vol. II, p. 67.

(Ficino, Savonarola, León Hebreo, Pico della Mirandola, Giulio Camillo, Giordano Bruno y Campanella) e inglés (Donne y Robert Fludd G. Herbert) alemanes y flamencos (Nicolás de Cusa, Böhme, A. Kircker, Silesio y Gichtel), entre otros. Destacan los neoplatónicos León Hebreo y Ficino, autores de *Diálogos de amor* y *Del amor*, respectivamente, de los que se recoge algún tratado; Pico della Mirandola, con su *Dignidad del hombre* y sus figuras circunscritas en el setenario de los planetas; Giulio Camillo, autor de *Idea del teatro*; Donne, con sus sonetos sacros, sus himnos y sus sermones; Robert Fludd, el conocido simbólogo, seguidor de Paracelso y precedente de Kircher; Herbert, el poeta metafísico, con su bello poema «Templo»; Nicolás de Cusa —el Cusano—, autor de libros memorables, como *La docta ignorancia* o *El dios escondido*; Angelus Silesius, poeta del Barroco alemán, autor de *El peregrino seráfico*; Jacob Böhme, el célebre zapatero autor de *La Aurora*; Johan Gitchtel, autor de una *Theosophia practica* que influyó incluso en el *Bronwyn VII* de Juan-Eduardo Cirlot; y, sobre todo, el gran Athanasius Kircher, creador de uno de los sistemas simbólicos más originales y extraños de todos los tiempos, que influyó en la simbología de Schneider; Kirker, el autor de *Musurgia universalis* y *Mundus subterraneus*, claves de símbolos, con sus sistemas de correspondencias de los distintos órdenes del universo, con su hombre circunscrito también; Kircher, un autor sobre el que Godwin preparó una bella monografía —*La búsqueda del saber de la antigüedad*—, y Gómez de Liaño, la más soberbia edición de un libro en el presente —*Itinerario del éxtasis o las imágenes de un saber universal*. Esto al norte.

El sur, más cercano, con su selección de autores franceses, españoles y portugueses de los siglos XVI y XVIII, ocupa el volumen IV. Es el momento de espiritualidades como san Francisco de Sales, san Ignacio de Loyola, san Juan de Ávila, fray Luis de Granada, santa Teresa de Jesús, san Juan de la Cruz, fray Luis de León, Miguel de Molinos, santa Rosa de Lima y sor Juana Inés de la Cruz. Espiritualidades de todas las órdenes religiosas: jesuitas, dominicos, franciscanos, carmelitas, agustinos, etc. Todos ellos, autores conocidos: muchos, incluso, estudiados en la historia de la literatura, sobre todo de la castellana: ¿Quién no conoce las *Moradas* y canciones de santa Teresa, *El cántico espiritual* o la *Noche oscura* de san Juan, las odas de fray Luis de León, los romances y endechas de sor Juana Inés, la *Guía espiritual* de Miguel de Molinos? Lo curioso es que esas espiritualidades no se produjeran en su momento histórico propio, la Edad Media, sino que fueran tardías, o como muestra de reformas y contrarreformas religiosas en pleno Renacimiento y Barroco. Pero Zolla no se detiene en ese fenómeno: solo recoge y antologa. Sí que sabe que se trata del final de una forma de entender la cultura. Por eso se detiene en el siglo XVIII. ¿Qué habría pasado si hubiera llegado al XVIII y XIX, con unas corrientes espiritualistas en las que estaban Blake, Swedenborg o Novalis? No lo sabemos. En cambio, sí que añadió autores como Pascal (*Pensamientos*) y Quevedo (*Sonetos sacros*). De cualquier forma, los libros sobre los místicos de Occidente cesan aquí, y los cuatro volúmenes, en conjunto, son una valiosa joya de la expresión mística occidental. Válida para un mundo que confía demasiado en el presente y en el instante, sin pensar que es lo más efímero. O tal vez porque a muchos lo duradero no les importa: solo les interesa el cambio. Cualquier cambio.

Más tarde, en su último libro, *Il dio dell'ebbrezza* ('El dios de la ebriedad') (1998), lleva a cabo lo que parece una continuación laica de dicha tradición, porque, según él, la mística no se ha perdido, sino que está en lugares impensables, y las gentes preparadas para ello la reciben. ¿Cuáles son esos lugares? «En esta antología de autores *dionisíacos* —recuerda Zolla— figuran dos españoles: Federico García Lorca con su *Teoría y juego del duende*, un texto extraordinario, y el inventor del esperpento, Ramón del Valle-Inclán, con fragmentos de *La lámpara maravillosa*.»[43] Esto en Occidente. ¿Y en Oriente? Oriente también tiene su historia, pero es diferente. Por eso escribe:

> Los místicos de Occidente alcanzan el uno al máximo de su experiencia. Los de Oriente, normalmente alcanzan el cero, es decir, la nada. Ocurre esto tanto en el taoísmo, en el budismo o en el zen, como en la tradición hindú originaria.[44]

Por eso, también afirma que la mejor definición de misticismo es la de Molinos con su teoría del quietismo, que tanto se parece a las doctrinas de Oriente.

6 LA SALIDA Y EL ESTUPOR

Se cierra la trayectoria de Zolla —dejando aparte las antologías mencionadas— con dos obras maestras, síntesis de búsquedas y de hallazgos: *Uscite dal mondo* (1992) ('Salid del mundo') y *Lo stupore infantile* (1994) ('El estupor infantil'), dos obras hermanadas por el contenido, por la estructura y

---

[43] GÓMEZ OLIVER, «Entrevista a Elémire Zolla», p. 4.
[44] ZOLLA, *Los místicos de Occidente*, vol. I, p. 17.

por el destino. Ambas son, además, dos obras *diferentes* de
las otras, dos obras de su época de madurez, especiales. ¿Qué
es lo que las hace distintas? Sus miradas al futuro, al norte,
a los mitos primordiales, a ciertos simbólogos y mitólogos
contemporáneos (Gurdjieff, Schneider, Eliade, Dumézil,
Moshe Idel, Kerényi y Kuki Shūzō) y su tratamiento de algunos símbolos fundamentales (la luz, la montaña y la selva).
Lo demás lo conocíamos: su amor por Oriente y los orígenes,
su interés por el yoga y el chamanismo, y su fervor, en especial, por el mundo espiritual de la India. Esa es su *salida* del
mundo, ese es su *estupor*. *Salid del mundo* es un título que
puede llevar a ambigüedades —¿al/del?—, aunque el autor
se refiere al sentido que tienen estos versos:

> Tornar a las raíces,
> reconducir a los orígenes.[45]

La obra comienza aludiendo al tema de la realidad virtual y
el mundo que viene, para buscar enseguida soluciones acor-
des con su idea del *sincretismo*, donde cita como modelos a
los místicos sufíes Rumî e Ibn ʾArabī. A continuación dedica una parte del libro a nociones como la fiesta, los mitos,
el mundo brahmánico, el derecho y lo sacro, las runas y el
zodíaco, el mundo egipcio y el de Mithra, el superhombre; y
otra parte a las grandes figuras contemporáneas del mundo
ruso, germánico, latino, israelí o hindú. Llama especialmente la atención su exposición y su tratamiento de cada una de
las veintinueve runas del antiguo lenguaje anglo-germánico
y los doce signos del zodíaco, lo que integra en sincréticos

---

[45] Elémire ZOLLA, *Uscite dal mondo,* Adelphi, Milán, 1992, p. 28.

gráficos esféricos, así como la semblanza que realiza de las figuras de algunos simbólogos, como Mircea Eliade, Moshe Idel y Marius Schneider. Al hablar de Eliade no inventa nada, sino que constata lo que ya sabemos del simbólogo rumano: se trata de un gran estudioso de las religiones. Pero cuando trata de Idel y Schneider, descubre dos grandes figuras, entonces poco conocidas, del mundo hebreo y germánico. Idel se estaba delineando ya como el gran conocedor de la cábala catalano-aragonesa de Abraham Abulafia, la cábala del sonido. Marius Schneider venía de ser el creador del simbolismo musical de Cataluña y Aragón. Curiosamente, tanto Schneider como Abulafia pasaron un tiempo en Aragón y en Barcelona.

El *estupor infantil*, publicado dos años después, es un complemento del anterior. La noción de *estupor infantil* se justifica aquí por el conocimiento *sin dualidad* que experimenta el mundo de la infancia: ese encanto, embrujo o hechizo que tiene la niñez. Sin embargo, Zolla comienza hablando de la *infancia asesinada* para hablar luego del *conocimiento sin dualidad* —apoyándose sobre todo en los textos védicos (en especial el Atharva-Veda y el Rig-Veda)—, de los fotismos de color basados en la cábala o el sufismo (*Vivir es absorber la luz*), de los símbolos de ascensión (montaña), del refugio (la selva y el matriarcado), del carácter de la migración (exilio de la *shekhinah*, por ejemplo) o de distintos textos orientales. Eran aspectos también tratados por autores como Eliade, Scholem, Corbin o Schneider. Pero él los trata de otro modo. Por otra parte, se refiere también aquí a otras grandes figuras de Occidente o de Oriente asociadas con el simbolismo: Yeats, Kerényi, Hayao Kawai y Kuki Shūzō. Sobre Yeats y Kerényi no descubrió nada: eran el

poeta simbólogo y el mitólogo que todos conocemos. Pero
al hablar de Hayao Kawai, Kuki Shūzō nos descubría dos
autores que resaltan en su ámbito, el de Oriente: uno es el
observador del subconsciente, y el otro, de la estructura del
iki 'elegancia voluptuosa'. El estilo y profundidad de Zolla,
sobre todo en estos dos últimos libros, luce como una lámpara en la oscuridad. La que alumbra.[46]

---

[46] Elémire ZOLLA, *Lo stupore infantile*, Adelphi, Milán, 1994.

V

GERSHOM SCHOLEM Y MOSHE IDEL: LOS FUNDAMENTOS DE LA CÁBALA

El logro imponente de Scholem puede juzgarse algo único en la moderna erudición humanística, pues se ha hecho indispensable […]. Scholem es una figura miltoniana en la erudición moderna y merece ser honrado como tal.

HAROLD BLOOM

Resulta superfluo preguntarse cuál es la obra más importante entre las escritas por un gran erudito. En el caso de Gershom Scholem, también las *opera minora*, artículos y ensayos, eran importantes.

R. J. ZWI WERBLOWSKY

Se ha venido delineando una figura nueva como intérprete de la historia cabalística, Moshe Idel, que se distingue de Scholem y de las certezas con que Scholem nos había dejado. Consigue acumular una riqueza de lecturas a las que no estábamos habituados, […] recupera con habilidad frases que dan un giro diferente y nuevo a la materia.

ELÉMIRE ZOLLA

I CÁBALA DE LA LUZ Y DEL SONIDO

LAS MAYORES MUESTRAS DE interés por la cábala en España e Italia en los últimos tiempos han surgido dentro de lo que pudiéramos llamar escuela o círculo de Marius Schneider; es decir, de aquellos dos escritores que mayores elogios dispensaron al maestro y amigo alemán: Juan-Eduardo Cirlot y Elémire Zolla. Y ambos conducían a Abraham Abulafia. El primero, Cirlot, a través de la figura del profesor e investigador Gershom Scholem, al que convirtió en una de las bases de su simbología y de su poesía. El segundo, Zolla, a través de la figura de Idel, continuador de Scholem, que llamó la atención por sus estudios de la cábala extática de Abulafia. Cirlot defendería la cábala en su *Diccionario de símbolos* y en los prólogos a sus libros poéticos, como *El palacio de plata*, y Zolla, en un ensayo sobre Idel publicado en su libro *Uscite dal mondo*. Nos encontramos así con dos grandes simbólogos que nos presentan a otros dos grandes simbólogos: dos de los seguidores de la poética del *origen* (la de Schneider) que se interesan por la poética de la cábala. Fue así como nos llegaron las mejores noticias de los grandes maestros de los estudios cabalísticos. Antes teníamos, claro está, la figura de Unamuno, que había prologado el *Zohar en la España musulmana y cristiana*, de Ariel Bension, donde se recogía información no solo sobre el *Zohar*, sino también sobre Abulafia, como ya mostramos en un artículo publicado en *El Bosque*, número 12. El entusiasmo que sintió Unamuno, autor de la generación del 98, con la obrita judía castellana fue grande:

El Zohar, o *Libro de Esplendor*, de que Ariel Bension, enterrado hace poco en Jerusalén, nos da cuenta aquí, en este otro libro, cumplida cuenta, es algo así como el Evangelio místico de los hebreos sefarditas, los renacidos antaño en España —Hispania, Iberia—, los de origen español [...]. Hay en él luz de meseta hispánica y de riberas mediterráneas también hispánicas [...]. En él alienta el cogollo de la fe de nuestro pueblo.[1]

Pero la curiosidad de Unamuno por la cábala no iba más allá de la de Eugenio d'Ors por el sufismo iraní: no era un especialista, sino un admirador. *El Zohar en la España musulmana y cristiana*, de Bension, servía, al menos en España, como más tarde el libro de Ángel L. Cilveti *Introducción a la mística española* (1974), para trazar, de paso, un breve esbozo del panorama de las místicas peninsulares en las tres culturas: la árabe, la judía y la cristiana. El libro de Bension es una pequeña maravilla, y así ha sido elogiado también por Victoria Cirlot al reeditar últimamente una obra fundamental de su padre, Juan-Eduardo Cirlot: *La dama de Vallcarca* (2008). Pero, precedentes aparte, aquí el primer gran estudioso de la cábala es Gershom Scholem, al que secunda su seguidor en la Universidad de Jerusalén Moshe Idel.

2 SCHOLEM Y LA CÁBALA DE LA LUZ

Gershom Scholem, miembro del prestigioso Círculo de Eranos, al que también pertenecieron Jung, Corbin y Eliade, entre otros, es el simbólogo que sitúa la cábala en la merecida

---

[1] Miguel de UNAMUNO, «Prólogo», en Ariel BENSION, *El Zohar en la España musulmana y cristiana*, Nuestra Raza, Madrid, 1934, p. 11-14.

consideración en que se la tiene hoy, merced a sus investigaciones, conclusiones y ediciones. Como dice Antonio Blanco, es «el mejor de los conocedores de la cábala —Tradición— de los tiempos más recientes».[2] Nacido en Alemania en 1897, Scholem se doctoró en matemáticas en la capital de Suiza, Berna, en 1919, y además realizó otros estudios, como los de filosofía del lenguaje. Desde 1923 trabajó en la Universidad Hebrea de Jerusalén, donde fue profesor de mística judía e historia de la cábala hasta 1965, tiempo en el que publicó algunas de sus mayores obras. Son célebres las ediciones de *Las grandes tendencias de la mística judía* (1941), *La cábala y su simbolismo* (1960) y *Los orígenes de la cábala* (1962), en un primer momento, a las que luego seguirían otras obras como *El nombre de Dios y la teoría cabalística del lenguaje* (1970) o *La idea mesiánica en el judaísmo y otros ensayos de espiritualidad judía* (1971). Mientras tanto, mantuvo una interesante correspondencia con primeras figuras del mundo de la cultura, como Walter Benjamin, que murió en 1940 y a quien dedicó un bello libro: *Walter Benjamín y su ángel* (1983); o con otros simbólogos de la talla de Mircea Eliade, Carl G. Jung y Henry Corbin. Paralelamente, también colaboró en algunas de las más destacadas asociaciones y publicaciones sobre símbolos de su tiempo, como los míticos *Cuadernos de Eranos*, donde hallamos trabajos tan sugestivos como el llamado *El color y su simbología en la tradición y en la mística hebrea*, o *El bien y el mal en la cábala*, más adelante recogidos en otras

---

[2] Antonio BLANCO, «La cábala de los místicos judíos», en Jaime D. PARRA, *La simbología. Grandes figuras de la ciencia de los símbolos*, Montesinos, Barcelona, 2001.

publicaciones. Una vida de incansable dedicación al trabajo. Moriría en 1982, el mismo año que Schneider, aquejado de fuertes dolencias. Y con posterioridad a su desaparición se retomarían, publicarían o traducirían otros grandes libros suyos, que ahora se encuentran en el mercado: *Mística judía: los temas fundamentales* (1983), *Desarrollo histórico e ideas básicas de la cábala* (1988), *Grandes temas y personalidades de la cábala* (1988), entre otros. Con todo ello, la personalidad de Scholem se convierte, así, en un gran referente.

Sobre lo que es la cábala misma y su mundo o su área de influencia, el propio Scholem realiza su esbozo:

> La *cábala*, literalmente 'tradición', esto es, la tradición de las cosas divinas, es la mística judía. Tiene una larga historia, y a través de varios siglos ejerció una poderosa influencia sobre aquellos círculos del pueblo judío que aspiraban a un conocimiento más profundo de las formas y supuestos tradicionales del judaísmo. Una vasta literatura ha recogido a partir de la baja Edad Media el resultado de la producción, generalmente intensa, de los cabalistas.[3]

De todo ello habla el autor en sus libros. En especial en su obra más conocida, *La grandes tendencias de la mística judía*.

Las grandes claves

Las grandes tendencias de la mística judía, hoy publicada en las principales lenguas de cultura, fue un hito en el momento de

---

[3] Gershom SCHOLEM, *La cábala y su simbolismo*, Siglo XXI, Madrid, 1989, p. 1.

su aparición, 1941, en un tiempo delicado para la historia del pueblo judío alemán, lo que la rodeó de un cierto halo de grandeza y misterio en los medios intelectuales. El título era muy largo, como casi todos los de Scholem, pero es que su significado y su recorrido son también muy amplios: Scholem lo abarca todo. El libro, dedicado a su amigo Benjamin, entonces recientemente desaparecido, se presenta bajo el símbolo del nueve: son nueve conferencias que afectan a las características y la historia de la mística hebrea, singularmente la cábala. Ya en el prólogo a la primera edición reconoce el esfuerzo que significaba realizar un trabajo pionero en el tema, sobre el que llevaba trabajando veinte años, con vistas a establecer unos *cimientos firmes*, máxime cuando sus puntos de vista diferían de los esperados. Así, esbozó un cuadro más o menos claro de la evolución, significado, problemas y sentido del judaísmo en general. La virtud esencial del libro también salta a la vista: su pedagogía no se limita a los entendidos y especialistas, sino que trata de resultar legible, conciso y claro, incluso para los no duchos en la materia. Ahí radica parte de su éxito, la cálida aceptación que obtuvo en muy diversos círculos, como se ha dicho. En solo cinco años volvió a reeditarse y, poco después, varias veces, consiguiendo en diecinueve años cuatro ediciones, hasta llegar a la francesa de 1968, que es una de las que manejaron lectores de nuestro ámbito, como, por ejemplo, Juan-Eduardo Cirlot.

Ya en los primeros capítulos, que versan sobre las características generales del misticismo judío, la Mercabá y el hasidismo, salva algunos escollos y encuentra la naturaleza oculta del símbolo y su relación con las vivencias y los mitos. Aunque es en los capítulos centrales, sobre la cábala de Abulafia, la de Moshe de León (*Zohar*) y la de Luria, donde realmente brilla su trabajo y su talento. Destaca el capítulo dedicado a la cábala profética o extática, también llamada de los nombres o del sonido, la de Abulafia, la cábala aragonesa, que contrasta con los dedicados a la cábala teosófica o de la luz, la de las *sefirot*, del *Zohar* de Moshe de León, la castellana. En el capítulo sobre Luria y los siguientes trata ya del éxodo: el drama de un pueblo en exilio tras la expulsión de los judíos en 1492; y ahí entran también el *shabetaísmo* y la continuación del hasidismo. De Abulafia resalta su doctrina de la unión o *debecut* (aunque frente a esta se toma sus distancias por no considerar esencial la experiencia extática en la mística judía), sus fundamentos teóricos —el *Yetsirá*, Maimónides—, sus ideas mesiánicas y sus técnicas de meditación —del salto o *dillug* y de las permutaciones o *tseruf*— y otros aspectos. En el *Zohar*, con el que es más generoso, resalta su autoría, sus fuentes y su estructura, así como su doctrina teosófica y sus relaciones, recalando especialmente en el *Ensof* (el Dios oculto) y el árbol sefirótico e insistiendo en las diez emanaciones o atributos del Nombre, en especial en la *shekhinah* y su simbolismo, liberando al texto de las interpretaciones de los pseudoestudiosos de siempre. Así, de cada aspecto o *sefira* deja una clara visión en sus trazos, a la vez que ilustra el contenido con un diagrama de Kircher: *Kéter* (corona), *Hojmá* (sabiduría), *Biná* (inteligencia), *Hésed* (amor), *Gueburá* (poder), *Rahamin* o *Tiféret* (compasión o belleza), *Nétsah* (paciencia), *Hod* (majestad), *Yesod* (fundamento), *Maljut* (reino, presencia de la *shekhinah*). Tales son los aspectos de las *sefirot*, que constituyen el árbol místico, que se ramifica a todo lo creado, como si fuera el «esqueleto del universo». Aunque en otras ocasiones el símil no es el árbol mismo, sino una figura humana, el hombre, el hombre primordial, el *anthropos* místico, el *Adam Cadmón*; pero no como representación del ser divino, sino como un símbolo, pues no es representable ni puede ser expresado. El simbólogo volverá sobre ello en libros posteriores. Por su parte, de Luria, el tercer gran cabalista después de Abulafia y de Moshe de León, destaca Scholem la noción del *tsimtsum*, retracción, retraimiento, retirada, contracción —lo contrario de emanación—: un lugar dentro de Dios en exilio para dejar sitio a la creación; una constricción de la luz divina para producir un espacio vacío, ocupable: imagen simbólica de nuevo. El mérito de Scholem reside no solo en el trazo y tratamiento de las distintas tradiciones, sino en dar a autores como Abulafia y a aspectos como los Nombres un relieve y un valor que antes no tenían. En ese sentido, su obra tiene algo de fundacional y algo de profética. No en vano distingue dos cábalas: la extática y la teosófica, que en el fondo no son otra cosa, en nuestros lares, que la de los nombres y la de la luz. Desde entonces, la mística judía es vista con otros ojos y ya no queda en las afueras de la cultura.

Casi veinte años después de esta obra crucial aparece otra también fundamental, *La cábala y su simbolismo* (1960), seguida de *Mística judía: los temas fundamentales* (1962) y *Los orígenes de la cábala* (1962), que complementan su obra capital. En las primeras, *La cábala y su simbolismo* y *Mística judía: los temas fundamentales,* retoma algunos aspectos ya esbozados en *Las grandes tendencias* —la religión y la mística, la Torá, cábala y mito, el rito, la idea del Gólem, etc.—, y en la última, *Los orígenes de la cábala,* completa la historia de la cábala entrando ahora en otros ámbitos o territorios: el del sur de Francia y el norte de Cataluña, Provenza y Gerona, particularmente. En *La cábala y su simbolismo* se pregunta por el sentido mismo del término *cábala* y lo relaciona con la palabra *tradición*, pero también con la idea de *relación*, tejido, como decía Chicatilla, discípulo de Abulafia:

> Toda la Torá es un tejido de sobrenombres o *kinnuyim* —es la expresión hebrea para los diferentes epítetos de Dios, como misericordioso, grande, clemente, respetable—, y estos sobrenombres son a su vez un tejido de los diferentes nombres de Dios (como, por ejemplo, *El*, *Elohim*, *Sadday*). Por su parte, todos los nombres sagrados dependen del Tetragrama *Y. H. V. H.*, con el que están relacionados. Por esto toda la Torá es, en último término, un tejido hecho con material sacado del Tetragrama.[4]

Una noción que completa con la de organismo *vivo* o *viviente*: «La Torá es un nombre, pero este nombre está constituido como un organismo vivo.»[5] Pero no se trata solo de una interpretación metafórica y única, sino que ofrece varios sentidos, planos o vías, de acuerdo con algunas visiones tradicionales, como la de la *Guía de perplejos* de Maimónides: *perús*, *beúr*, *péser* y *derás*, es decir, sentido exacto, sentido místico, explicación y alegoría.[6] La Torá, pues, tiene un cuádruple aspecto. También pone en relación los términos *cábala* y *mito*, y aquí se apoya tanto en el *Séfer Yetsirá* como en el *Bahir* provenzal y el *Zohar* castellano, incluso en Luria, para llegar a la conclusión de que «el mito cabalístico se hallaba provisto de *sentido* porque [...] era capaz de proyectar grandiosos símbolos de la vida judía como un caso de extrema

---

[4] Citado en Scholem, *La cábala y su simbolismo*, p. 46.
[5] *Ibid.*, p. 49.
[6] *Ibid.*, p. 65.

humanidad».[7] Lo mismo ocurre con la noción de *rito*, que sitúa «entre tradición y creación nueva».[8] En cambio, en la mención al *Gólem*, el hombre creado siguiendo ciertas artes mágicas, a imagen de Adán, parte de una novela fantástica del mismo nombre del autor alemán Gustav Meyrink a fin de analizar su entramado mágico y simbólico en la construcción del mito, según un dicho bíblico: «La tierra produzca un alma viviente» (Génesis 1, 24).[9] La asociación de este homínido con el homúnculo de Paracelso y otras fuentes era inevitable, y también aparece. *La cábala y su simbolismo* nos ofrece, así, una serie de aspectos tradicionales del judaísmo; aspectos que son complementados con los aparecidos en *Mística judía: los grandes temas*, en donde estudia nociones referentes a la forma mística, el bien y el mal, la idea del Justo, los factores pasivos, la migración y el cuerpo astral.

Otra gran aportación de Scholem es *Los orígenes de la cábala*, uno de sus libros clave en el área catalana y provenzal —donde germinaron la literatura trovadoresca y el catarismo. Scholem no condiciona unos a otros, pero sí resalta que era donde los judíos podían vivir más tranquilos y florecer sin inquietarse. Y esta pudo ser una de las causas de su desarrollo material y cultural. El gran hebraísta empieza enfrentándose a la raíz del problema: el estado de las cosas antes del *Bahir*, también conocido como *Libro de la Claridad*. Esta es otra obra clave de la cábala provenzal: la visión de la crítica, el catarismo y los judíos de Languedoc, el judaísmo precabalístico,

---

[7]   *Ibid.*, p. 129.
[8]   *Ibidem.*
[9]   *Ibid.*, p. 179.

el *Séfer Yetsirá* o *Libro de la Creación*, etc.; lo que le sirve de
nuevo para deshacer falsas creencias y postulados, aunque él
mismo corre ciertos riesgos. Del *Séfer Yetsirá*, uno de los más
antiguos, bellos y breves trat[a]ditos, de menos de cuarenta
páginas, de la tradición relacionada con el tema cabalístico,
opina que se trata de una obra cosmológica y cosmogónica,
aunque, de hecho, hable de los treinta y dos senderos, diez re-
feridos a las *sefirot* y veintidós a las letras del alfabeto hebreo
(por ello sería importante para Abulafia, que basó en él y en
Maimónides su sistema de la profecía). Posteriormente entra
en el *Bahir* o *Libro de la Claridad*, que relaciona con distintas
fuentes, a la vez que desentraña sus circunstancias. Estudia
el texto en su conjunto y lo encuentra parecido a un *midrash*
o colección de dichos homiléticos en breves versículos, pero lo
halla carente de estructura y de desarrollo uniforme, extraño
de sentido, apoyado en su naturaleza cosmológica, todo un
popurrí de motivos, sin una conclusión única. Ni siquiera el
título *Bahir* le parece justificado. Se trata, para él, de un
texto fragmentario, con lagunas e interpolaciones, y con
un lenguaje oscuro, caótico, con parábolas y paradojas, a veces incomprensible. Un libro sin unidad. Pero en medio de
este laberinto, Scholem encuentra unos hilos conductores y
señala algunos rasgos que cree definitorios, también destaca-
bles: sus elementos gnósticos —como el Pleroma (plenitud
divina) y el árbol cósmico, las potencias y la doble Sofía—, o
su simbolismo —de las *sefirot*, del Justo, de la *shekhinah*, de
los eones (emanaciones divinas), de la transmigración de las
almas y del misticismo de la oración.

En la segunda parte, más amplia, se centra en la cábala de
Provenza y en la de Gerona, poniendo de relieve en la primera de ellas la figura de Yitshac el Ciego, y en la segunda la de

Azriel. Para Scholem, Yitshac el Ciego, apellidado como un eufemismo, *rico en luz*, presenta una obra difícil, enigmática, pero es un cabalista «hasta la médula» y un «maestro de la oración», no el único, claro, con importantes teorías sobre el *en-sof* y las *sefirot*, el bien y el mal, y el misticismo contemplativo (*kavaná* y *debecut*). Por su parte, a Azriel de Gerona lo valora, sobre todo, por su ontología de la cábala, su reflexión sobre el ser y la nada, el origen y la creación, como cuando el cabalista escribe: «Él hizo su Nada en su Ser y no dijo: hizo al Ser de la Nada. Esto nos enseña que la Nada es el Ser y el Ser la Nada [...]. El Ser no es, por tanto, otra cosa que una Nada.»[10] Algunos de los conceptos tratados en este libro —las *sefirot*, el Justo, el Bien y el Mal, la *shekhinah*, el *gilgul*— se encuentran ampliados en otros volúmenes, como *La mística judía: Los temas fundamentales* (1962).

De esta forma, Scholem completaba sus escritos sobre la historia de la cábala y los principales cabalistas. No sobre toda la cábala, claro está: otros estudios sobre ella continuaron apareciendo, aun después de desaparecido el autor.

El simbolismo de los nombres

Pocos años después de la obra anterior, y de forma casi seguida, tenemos dos nuevas obras, estas sobre aspectos particulares: *El nombre de Dios y la teoría cabalística del lenguaje* (1970) y *La idea mesiánica en el judaísmo* (1971). La primera, más adelante recogida en *El nombre y los símbolos*

---

[10] Gershom SCHOLEM, *Orígenes de la cábala*, vol. II, Paidós, Barcelona, 2001, p. 292.

de Dios en la mística judía, es una reflexión sobre la teoría mística del lenguaje, en especial la del Nombre, a través de una serie de tradiciones, textos o figuras: la tradición rabínica, el *Séfer Yetsirá*, el *Zohar*, Abulafia, Isaac el Ciego y otras referencias. En esta misma obra se recoge también el ensayo «Los colores y su simbología en la tradición y mística judías», un tema publicado en Eranos, aunque Scholem no es muy dado a la alabanza de estos, excepto cuando se habla del arco iris —símbolo de la mediación—, del color azul —asociado con los mandatos divinos—, el rojo —color de la purificación— y el blanco —color de la pureza. Y en relación con el color está también la luz, la luz brillante, dorada, a veces el fuego blanco. Otras veces no es directamente un color, sino la coloración sobre un objeto o un fruto; así, escribe: «Un expresivo símbolo de la décima *sefirá* —la *shekhinah*— es, en los cabalistas españoles, la manzana, que en su frescura une tres colores básicos, blanco, rojo y verde, o dicho con más precisión, en ellos irisan todos. Con ello, esta *sefirá* manifiesta los poderes que mediante ella actúan.»[11] En otras ocasiones podría ser incluso un olor, un perfume. «Otra línea de la simbología de los colores —escribe Scholem— es la que sigue Yosef Gicatilla (hacia 1300), al cual debemos adjudicar un "Misterio de los colores según sus tipos", que se nos ha conservado en un manuscrito de Múnich.»[12]

El otro libro, *La idea mesiánica en el judaísmo* (1971), traducido también como *El mesianismo judío. Ensayo sobre la espiritualidad del judaísmo* (1971), es, según Bernard Dupuy, que prologa la edición francesa, uno de los fundamentales

[11] Gershom SCHOLEM, *Lenguajes y cábala*, Siruela, Madrid, 2006, p. 158.
[12] *Ibid.*, p. 163.

del autor, de los más vivos, por su riqueza y su variedad. No en vano recoge ideas esenciales sobre la redención, la tradición, la *debecut*, el hasidismo o la pervivencia del interés por todo ello en la actualidad; eso explica que, en su momento, fuera, parece ser, una especie de *best seller*.

Más tarde, aún continuaron apareciendo obras del maestro, del que se dijo que hasta las producciones menores eran interesantes y, así, tenemos varios volúmenes, como los extraídos de la *Enciclopedia judaica: Desarrollo histórico e ideas básicas de la cábala* (1988), que repasa distintos libros desde el *Yetsirá* hasta el *Zohar* y retoma nociones esenciales como *'ayin* (la nada), *tiqqun* (restauración), *tsimtsum* (contracción), *sefirot* (el árbol místico) o *debecut* (unión); y *Grandes temas y personalidades de la cábala* (1988), que revisa varios autores uno a uno (en total dieciséis) y recupera nuevos temas, también uno a uno: desde libros como el *Zohar* y el *Bahir*, hasta conceptos como *gematría* (combinatoria), *gilgul* (reencarnación, transmigración, metempsicosis), *Lilith* (demonio femenino), *Metratrón* (*Príncipe de la faz*, mensajero) o *Gólem* (humanoide). Estos dos libros, editados por Riopiedras, gozan de una ventaja frente a otros: al estar pensados como obras de divulgación, para las enciclopedias, resultan más fácilmente legibles y de más fácil acceso.

Todas estas obras sobre historia y conceptos de la cábala, y otras del mismo autor que podrían sumarse —*Todo es cábala* y *Conceptos básicos del judaísmo*, o su tratadito *El bien y el mal en la cábala*—, serían suficientes para considerarlo el máximo exponente en la materia, o al menos el primer gran autor que ha tratado con solvencia el tema. Pero Scholem no está solo. Su labor fue significativa y, tras él, proliferaron los libros de temas cabalísticos.

Literatura cabalística

Muchos son los trabajos y ediciones, de mayor o menor relieve, con más o menos fortuna, que, tras Scholem, siguiéndolo o silenciándolo, nombrándolo o ignorándolo, se han acercado a la cábala. Lo que es cierto es que todo cambia con él y después de él. La mayoría de los escritos posteriores fueron sobre la cábala en general y el *Zohar* en particular, libro ya considerado tradicionalmente como el máximo exponente cabalístico. En lo que se refiere al *Zohar*, destacan los cinco volúmenes pioneros de la edición argentina de Dujovné, en Sigal, de 1978, y más recientemente la veintena de la barcelonesa de rabí Shimon Bar Iojai, en Obelisco, de 2007-2015; y, en medio, distintas selecciones como la de Marcos-Ricardo Barnatán (*El Zohar. Lecturas básicas de la kábala*, 1986), o la de Ariel Bension (*El Zohar*, reedición); a las que se suman distintos trabajos ensayísticos, como el de Leo Schaya (*El significado universal de la cábala*, 1976), Alexandre Safran (*La Cábala*, 1972), Israel Gutwirth (*Cábala y mística judía*, 1983), Haïm Zafrani (*Kabbale, vie mystique et magie*, 1986), Mario Satz (*Poética de la kábala*, 1985), Harold Bloom (*La cábala y la crítica*, 1979), Joaquín Lomba Fuentes (*La filosofía judía en Zaragoza*, 1988) o la del mismo Marcos-Ricardo Barnatán (*Kábala, una mística del lenguaje*, 1974). En todos ellos hay un intento de discernir las claves del mundo cabalístico: origen, extensión, doctrina y significación. Destacan la agudeza y polémica —tan presentes aquí como en estos escritos de poesía— de Harold Bloom, no ajenas a su teoría de las *influencias*; por eso, a él, la cábala le parece «una tradición más bien interpretativa y mítica que mística».[13] Este interés por la cábala y el *Zohar*, a partir de los setenta, no es ajeno a los estudios de Scholem, como se aprecia en los contenidos, en las citas, en los títulos y, a veces, en los epígrafes.

Más extraño resulta el interés por el *Séfer Ha-Bahir*, el *Libro de la Claridad*, provenzal, que había sido durante mucho tiempo el texto cabalístico más importante, hasta que lo reemplazó el *Zohar*, como recuerda Aryek Kaplan. El *Bahir*, relacionado con la luz, como el *Zohar*, sobre el que influyó, atrajo, sin embargo, la atención suficiente de algunos autores como Joseph Gottfarstein (*Le Bahir, Le livre de la clarté*, 1983), Mario Satz (*Séfer ha-Bahir, El Libro de la Claridad*, 1985) o Aryeh Kaplan (*El Bahir*, 1979). Paralelamente se atendía también a la cábala de Gerona con la edición de textos de Azriel de Gerona —*Cuatro textos cabalísticos* (1994)— y la cábala de Yosef Chicatilla, con la recuperación también de alguno de sus textos —*El secreto de la unión de David y Betsabé* (1994)—, ambos en traducción de Miriam Eisenfeld. Se trata en todos estos casos de obras ampliamente anotadas, lo que denota también un cierto interés erudito por el tema.

Sorprendentemente, sin embargo, el texto cabalístico que más fortuna obtuvo fue precisamente el más antiguo y el más breve: el *Séfer Yetsirá* o *El libro de la Creación*. Quizás el secreto estaba en que contenía en síntesis lo que otros tenían en desarrollo, es decir, los núcleos e ideas esenciales sobre los que se fundamentan las principales líneas de la cábala: las letras, las *sefirot* y la magia; y que podía ser aprovechado desde tres ángulos cabalísticos: el teórico, el meditativo

---

[13]   Harold BLOOM, *La cábala y la crítica*, Monte Ávila, Caracas, 1992, p. 47.

y el mágico. El interés por este texto es notorio a ambos lados del Atlántico, dedicándosele cada vez más atención en cada nueva edición, como queda patente en las diversas apariciones o versiones, como las hispanoamericanas de William Wynn Westcott (*Séfer Yetzirah*, 1985) y León Dujovne (*Séfer Yetsirá*, 1992) —también editor del *Zohar*— o las españolas de Aryeh Kaplan (*Séfer Yetzirah. El libro de la Creación. Teoría y práctica*, 1990 y 2006), J. Mateu Rotger (*Séfer Yetzirah*, 1983), Myriam Eisenfeld (*Séfer Yetzirah. Libro de la Formación*, 1992) o Manuel Forcano (*El libro de la Creación*, 2013); varias de ellas son ediciones barcelonesas. Y es que precisamente Barcelona es uno de los centros donde, modernamente, se ha prestado más atención a la cábala, quizás por tener detrás una larga tradición en el tema. No en vano fue uno de los centros medievales de esta corriente de pensamiento, con Najmánides y con Abulafia como grandes representantes, según ha visto Manuel Forcano en varias obras.

Todo ello, sin olvidarnos de algunos importantes hebraístas hispanos del medio siglo, como J. M. Millás Vallicrosa —en su *Literatura hebraicoespañola* (1967)— o David Gonzalo Maeso —en *Manual de la literatura hebrea* (1960)—, y algunos especialistas en temas de espiritualidad, como Jesús Imiralzaldu, contemporáneos de Scholem, que prestaron una atención especial a la tradición cabalística o a ciertas obras dc influencia en los cabalistas (*Cuzary*, 1979; *La Guía de perplejos*, 1984), sabedores incluso de su incidencia sobre el pensamiento cristiano: «Sabemos que hubo también una cábala cristiana, que se inspiró en la judaica en cuanto a sus direcciones y métodos. El iniciador fue el famoso Pico de la Mirandola», escribía Gonzalo Maeso en su *Legado del judaísmo español.*[14] Otro caso especial es el cuidado volumen *Mistica ebraica* (Turín, 1995), que recoge un hermoso ramillete de «textos de la tradición secreta del judaísmo desde el siglo XIII al siglo XVIII», incluidas las *Siete vías de la Torá* de Abulafia, por lo que esta se convierte en una obra de lectura y consulta insoslayables.

En cuanto a la cábala de Abulafia, como indicara Elémire Zolla, hay que dirigirse a una nueva gran figura que se vino delineando en los estudios cabalísticos: la de Moshe Idel, el mejor sucesor de Scholem.

3   IDEL Y LA CÁBALA DEL SONIDO

La misma atención que Scholem prestó a la cábala de la luz —había realizado su tesis sobre el *Séfer-ha-Bahir*—, la dedicó Moshe Idel a la cábala del sonido y la profecía, la de Abraham Abulafia y su escuela —realizó su tesis sobre Abulafia. Así se adentró a fondo en su mundo y en su obra, rescatándola y haciendo una lectura distinta, empezando por su biografía. Abulafia (1240-1292) —nos dice Idel—, nacido en Zaragoza, permaneció en España hasta los veinte años, tras los cuales emprendió largos viajes por los países del Mediterráneo, entrando en contacto con la filosofía de Maimónides, cuya *Guía de perplejos* tomó por libro de cabecera. Después, encontrándose en Barcelona, cuando leía el *Séfer Yetsirá*, sintió la llamada de la revelación profética, como escribe en su obra *'Otsar 'Eden Ganuz*, donde se lee:

[14]   David GONZALO MAESO, *El legado del judaísmo español*, Editora Nacional, Madrid, 1972, p. 82.

En cuanto a mí, cuando yo tenía treintaiún años, en la ciudad de Barcelona, El Eterno me arrancó de mi sueño y yo me puse a estudiar *El libro de la Creación* con sus comentarios, y la mano de Dios se puso sobre mí y escribí obras de conocimiento y maravillosos libros proféticos [...] y tuve maravillosas y terribles visiones.[15]

Y a partir de ahí, como recuerda Idel, la vida de Abulafia cambia radicalmente: parte en exilio, se dedica enteramente a la profecía, escribe libros y funda grupos, singularmente en algunas islas, como Sicilia, hasta que sus referencias desaparecen, dejando tras de sí esforzados continuadores en los grupos de Safed y en el hasidismo. ¿Tal vez porque Abulafia hizo del exilio su patria, por decirlo en palabras de María Zambrano? La cuestión es que la fe en sus proyectos lo llevó entonces, como en otro ámbito a Ramón Llull, a emprender viajes, predicaciones y proclamas que alertaron al mismo papa Nicolás III, quien dio orden de encerrarlo en un calabozo, donde acabó y del que no hubiera salido indemne si su santidad no hubiera fallecido el mismo día por la noche. Fue un personaje inspirado, según algunos; según otros, un ser delirante; pero lo cierto es que no dejaba indiferente a nadie. Abulafia dejaría huella incluso en aquellos que llegarían a avanzar por caminos distintos a los suyos, como Yosef Chicatilla, el autor del bello tratado *El secreto de la unión de David y Betsabé*.

Pese a ello, la figura de Abulafia pasó desapercibida hasta el siglo XIX, en que la crítica del mundo anglo-germánico, singularmente las figuras Heinrich Graetz, Aaron Jellinek y

---

[15] Citado en MOSHE IDEL, *L'expérience mystique d'Abraham Aboulafia*, Cerf, París, 1989, p. 178.

Moritz Steinschneider, empezaron a interesarse por algunas de sus obras y a sacar a la luz su nombre, que fue resurgiendo poco a poco hasta que recibió el espaldarazo definitivo en el libro *Las grandes tendencias de la mística judía*, de Scholem, quien, como hemos visto, le dedicó un soberbio y detallado capítulo. No fue el primero, claro, pues el mismo Jellinek lo promocionó al incluir en su *Philosophia Und Kabbala* (Leipzig, 1854) uno de sus textos fundamentales y de los pocos que hoy circulan en distintos idiomas: el libro *Síva 'Netivot ha-Torá*, *Las siete vías de la Torá*; y en la misma España había circulado su nombre gracias al librito mencionado de Ariel Bension, *El Zohar en la España musulmana y cristiana* (1934), donde se dieron a conocer algunos de sus poemas, que «ilustraban» la obra del místico, anticipando el interés que luego por él sintieran Juan-Eduardo Cirlot o José Ángel Valente, poetas del silencio en los años sesenta. Eran poemas con palabras deslumbrantes los de Abulafia, con arranques anafóricos, letánicos, laudatorios, con dominio de la metáfora y del paralelismo, expansivos, como los Salmos. Así aparece en los dos ejemplos siguientes:

I

¡Loado sea su Nombre!
¡Ensalzado en belleza, su Poder!
Loado en tesoros de nieve;
Loado en torrentes de llamas;
Loado en nubes de gloria;
Loado en relumbrantes palacios.
¡Loado sea Él, Quien cabalga sobre los cielos!
¡Ensalzado por sus millaradas de legiones!
¡Por el misterio que se encierra en la llama!
Loado por la voz del trueno;

Loado por el relámpago del rayo.
La tierra le hace alabanza.
Las olas del mar baten Su alabanza.
Loado sea el Dios,
El solo Nombre sobre el Trono
Por casa una de las almas.
Por todas las creaciones.
Para siempre y para siempre.

II

Sus sirvientes cantan himnos, proclaman las maravillas
Del Señor, Quien circunda de Gloria su Dominio.
Rodeado de los reyes de las esferas.
La Mirada de su Ojo abarca los cielos;
Con Su Esplendor los cielos relumbran
El abismo relumbra fuera de Su Boca.
Él destroza mundos primitivos, derrumba esferas de Gloria.
Los cielos orgullosos resplandecen de Su Cara.
Todo lo que crece se eleva con Su Palabra.
Canta con alegría, y exhala Sus Palabras en fragancia.
Las esferas se elevan, relumbrantes, en llamas danzantes,
Alaban en melodía al Señor de la Paz.
El Querido Rey, Quien está alto por encima de los mundos,
Temible, ensalzado...[16]

Sin embargo, la figura de Abulafia no podía competir todavía con el prestigio alcanzado por Moshe de León y el
Zohar, que desde el siglo XVII —desde la traducción y edición parcial de Knorr de Rosenroth— se había convertido
en un clásico, hasta interesar a Miguel de Unamuno, que lo

[16] Ariel BENSION, *El Zohar en la España musulmana y cristiana*, Ediciones Nuestra Raza, Madrid, 1934, p. 55-56.

prologó con fervor y pasión, como hemos visto. Y así teníamos que, a la muerte de Scholem, las ediciones o selecciones del *Zohar* estaban a la orden del día, mientras que de Abulafia solo circulaban leves referencias. Esa situación cambió radicalmente cuando Moshe Idel realizó su tesis doctoral sobre Abulafia y difundió su figura y la de la cábala profética en una serie de publicaciones que aparecieron en las principales lenguas de cultura. El mérito de Idel no es el haber deslindado las dos tendencias en la cábala, cosa que ya había hecho Scholem, sino el haber optado abiertamente por la cábala abulafiana: así, al interés por la cábala teosófico-teúrgica, basada en las *sefirot* (teosófica) y en las *mitsvot* (teúrgica), sucede el interés por la cábala extática o de los nombres, la abulafiana, que exalta la experiencia mística y la *debecut*. Una sería la de la comunidad (externa) y otra sería la del exilio (interna). Por eso, ese amigo de Schneider que fue Elémire Zolla, en *Uscite dal mondo*, exclama maravillado por la nueva figura aparecida en el terreno de los estudios cabalísticos:

> Se ha venido delineando una figura nueva como intérprete de la historia cabalística, Moshe Idel, que se distingue de Scholem y de las certezas con que Scholem nos había dejado. Consigue acumular una riqueza de lecturas a las que no estábamos habituados [...]; recupera con habilidad frases que dan un giro diferente y nuevo a la materia.[17]

Y en eso consiste la labor de Idel: en trastocar y reajustar los estudios cabalísticos. En recuperar textos, en hacer una

---

[17]   Elémire ZOLLA, *Uscite dal mondo*, Adelphi, Milán, 1992, p. 523.

lectura nueva que en este caso se acerca también a los mundos de Ramón Llull.

Opera maior

Comienza Idel, en la que es su *opera maior*, resumen de su tesis doctoral, *La experiencia mística de Abraham Abulafia*, examinando los estudios sobre el tema, desde Jellinek hasta Scholem, para pasar a estructurar el grueso de su obra siguiendo un hilo conductor en medio del maremágnum de los manuscritos, donde descubre poemas, guías, exégesis, libros proféticos y escritos ocasionales, que consigue ordenar, distinguiendo técnicas, experiencias, música y símbolos. Así, inicia el examen de un proceso de interiorización que tiene puntos de similitud con hindúes e iraníes. Destaca Idel la importancia que Abulafia concede a las técnicas de concentración, en especial el alejamiento y el recogimiento, y menciona las recomendaciones de este: «Prepárate y aíslate en un lugar particular, donde tu voz no pueda dejar de ser oída […], purifica tu corazón y tu alma de todos los pensamientos que la ligan a este mundo.»[18] Después añade las alusiones a los ejercicios de respiración y la combinación de letras hasta su visualización interna, a fin de alcanzar la *debecut* o unión: «Comienza por combinar algunas letras con todas las otras, a permutarlas y hacerlas volver rápidamente hasta que tu corazón se inflame a fuerza de tornearlas.»[19] Y es este camino de las letras o de los nombres, como lo

[18] Citado en Moshe IDEL, *L'expérience mystique…*, p. 54.
[19] *Ibid.*, p. 56.

llaman Scholem y Cilveti, el que le valió a la vía abulafiana el nombre de una *mística del lenguaje*. Aunque, como observara el propio Abulafia en el *Séfer 'or ha-Sékkel* ('Libro de la luz del intelecto'), parte de la técnica consistía en «combinar la letra *'alef*», que «forma parte del Nombre escondido de la Divinidad *'AHWY* (*'alef hé waw yod*)», con «cada una de las letras del Tetragrama» para obtener series como «*'alef yod, 'alef hé, 'alef waw, 'alef hé*».[20] Y así, cambiando el orden, hasta llegar al máximo de variaciones posibles, con vistas a alcanzar una unidad superior: «Cuando te pongas a pronunciar la letra *'alef* con su valor vocal —dice Abulafia— sabe que hace alusión al secreto de la unidad.»[21] Un método combinatorio que puede ilustrarse con un cuadrado, similar al de Eléazar de Worms, en que los lados están representados por las combinaciones del nombre, pero también mediante discos giratorios, como apunta el *Séfer hayyé ha-ólam ha-ha* ('Libro de la vida del mundo futuro'), similares a las tradiciones de Ramón Llull y de Ibn 'Arabī en las culturas cristiana y árabe. Abulafia lo recuerda en otros libros. Así, escribe Idel:

> Remarquemos también que el uso de los círculos concéntricos para combinar las letras de diferentes nombres divinos se encuentra igualmente en otros tratados de Abulafia, como el *Séfer 'imrê shéfer*, por ejemplo, así como en el *Gan na'oul*. También es cierto que el uso de círculos conteniendo los nombres divinos existe igualmente en el islam.[22]

[20] *Ibid.*, p. 34-35.
[21] *Ibid.*, p. 40.
[22] *Ibid.*, p. 37.

Esta metodología también puede asociarse, dice Idel, con la tradición de la rueda y del mandala estudiadas por Carl Gustav Jung y Giuseppe Tucci, en relación con la búsqueda del centro.

Gran importancia concede también Idel al papel de la música y el canto en la cábala profética de Abulafia. En esta la música es vista como un sistema de referencias analógicas por la relación que existe entre audición musical y experiencia mística, como en el sufismo. Por ello, señala cómo armoniza, punto por punto, el *Tseruf* o combinatoria de las letras con la audición musical. Así, cita las palabras de Abulafia cuando escribe en su *Séfer gan na'oul*:

> Sabe que el método del *Tseruf* (combinación de letras) puede ser comparado a la música; porque la oreja percibe sonidos de combinaciones diversas de acuerdo con el carácter de la melodía y del enunciado musical. Así, como dos instrumentos de cuerda, diferentes, *kinnor* y *névvel*, el laúd y el arpa, combinan sus sonidos.[23]

Pero Idel va más allá del simple salto, sorpresa o *dillug* y enlaza con la tradición de los Salmos y las tradiciones de mística del oído hasta llegar a otros resultados, los abulafianos: la ciencia musical tiende a mejorar las disposiciones psicológicas e intelectuales, como dijera Eléazar de Worms, y la dulzura del canto, como hacen constar otros autores, podía suscitar la bendición de la *shekhinah*, décima *sefira* o imagen femenina de Dios. La música es considerada, por consiguiente, como un *alma viviente*, y en esto se asocia la cábala con la noción *samâ* del sufismo. El canto mismo es fuente de

---

[23] *Ibid.*, p. 61.

alegría y baremo de oración. Ya Abulafia había dicho en su *Séfer 'Otsar ʿÉden ganouz* ('Libro del tesoro del Edén Oculto'): «La prueba que el canto es un indicador del grado de la profecía es que tal es la naturaleza del canto que él alegra el corazón por sus melodías, según está escrito.»[24]

Relacionada también con las letras y la cábala profética se halla la figura del *Gólem*, al que Idel dedica también una monografía: *Gólem. Magia judía y tradición mística* (1990), retomando el tema desde las tradiciones antiguas, pasando por las medievales, hasta llegar a las modernas. Claro que Idel no se queda en estas fases relacionales y en las letras, que pueden equipararse a la sexta vía de la cábala, según Abulafia, sino que avanza y llega al final: a la séptima vía, la de la unión o *debecut*, la unión extática. Y es aquí donde su tesis va mucho más allá de la aventura iniciada por Scholem, y se acerca, sin embargo, a conclusiones semejantes a las de Massignon cuando hablaba de Hallâj y a las de Eckhart citado por Zolla: *Dios y yo somos uno en el conocimiento puro.*[25] La doctrina del éxtasis profético era eso: la del encuentro y la unión. Yo soy él. Si tan fuerte es la unión, ¿por qué no? Pero lo fundamental es el papel que aquí tiene la Palabra en el proceso: por medio de ella, como en el caso de Moisés, la *presencia divina* puede manifestarse. La Palabra (*ha-Dibur*) puede obrar el milagro. *Debecut* significa identificación del entendimiento humano con el divino. Eso es algo que sintetiza perfectamente Abulafia en su libro más famoso en Occidente, *Sêva 'Netivot ha-Torá* ('Siete vías de la Torá'), que dice:

[24] *Ibid.*, p. 73.
[25] Citado en Moshe IDEL, *Maïmónide et la mystique juive*, Cerf, París, 1991, p. 86, y en IDEM, *Studies in ecstatic kabbalah*, Nueva York, State University Of New York Press, Albany, 1988, p. 17.

La Séptima vía es especial y engloba a todas las demás. Es como el Santo de los Santos, el círculo que todo lo envuelve. Quien la abarca percibe la Palabra (*ha-dibur*) que fluye desde el Intelecto Agente hacia la facultad lingüística o verbal (*ha-devari*). Se trata de una emanación que trata del Nombre divino.[26]

De este modo, como observaría Idel, diferenciando más la cábala extática (Abulafia) de la teosófica (el *Zohar*), los agentes de unión serían el alma humana en el papel de esposa con el Intelecto activo en el papel de esposo, según la tradición del Cantar de los Cantares, y al contrario que la cábala de las *sefirot*, en que el místico aparece como hombre y la *shekhinah*, décima *sefira*, imagen femenina de Dios, como mujer, tema este que trata en un opúsculo: *Cábala y erotismo* (1993).

Acaba Idel haciendo una valoración de la metodología abulafiana y sus consecuencias: es un método intenso que no debe usar todo el mundo, pues no está exento de peligros. Su función esencial es introducir al practicante en el mundo de la experiencia profética, que consiste en anticipar el *mundo futuro*, pues está escrito en el Deuteronomio que «aquel que no se ha unido al Nombre no vivirá por toda la eternidad». Y estos serían también los caminos abiertos a los discípulos de Abulafia y a aquellos que los atendieron más allá de su tiempo, lo entendieran o no al pie de la letra: Simón de Burgos y los autores anónimos del *Séfer ha-Tseruf* ('Libro de las combinaciones') y del *Nér 'Élohim* ('La candela

---

[26] Abraham ABULAFIA, «I sette sentieri della Torah», en *Mistica ebraica,* Einaudi, Turín, 1995, p. 382-383, y en IDEM, *L'épitre des sept voies,* L'Éclat, París, 1985, p. 40-41.

divina'); de Isaac de Akko en su *Séfer 'otsar hayyim* ('Libro del tesoro de la vida'); de Shem Tov ibn Gaon y su (atribuido) *Séfer shaʿarê tsédeq* ('Libro de las puertas de la justicia'); de Yehuda Albotini y su *Soullam ha-ʿaliya* ('La escalera de la ascensión') y otros.[27]

Nuevas perspectivas. La cábala catalana

La pedagogía de Idel, como nuevo simbólogo e intérprete de la cábala, no se detiene ahí. Y tras ese libro clave vienen otros, como *Cábala, nuevas perspectivas* (1988), donde retoma temas como la *debecut*, la teosofía, la teúrgica y la hermenéutica cabalísticas; *Estudios de cábala extática* (1988), que aborda nociones como la *unio mistica* o sus relaciones con otras culturas; *Lenguaje, Torá y hermenéutica en Abraham Abulafia* (1989), dedicado a la memoria de Scholem, donde reflexiona sobre el sistema del lenguaje y sus métodos, y especialmente sobre la poética de los nombres, pues la de Abulafia era una cábala lingüística; *Maimónides y la mística judía* (1991), que se acerca también a la mística catalano-aragonesa; *Mesianismo y misticismo* (1994), sobre las tradiciones cabalísticas en el exilio; además del libro antes mencionado del *Gólem* (1990) y de otras publicaciones. Y en todas ellas, siempre con la figura de Abulafia como tema cardinal. Resalta en todos ellos, por su insistencia, el tratamiento del tema de la *debecut* o *unio mistica*, entendida como reconstrucción de una unidad rota, que no perdida. En algún caso, incluso, utiliza la imagen del círculo partido en dos, cuya

---

[27] IDEL, *L'expérience mystique...*, p. 16.

restauración encuentra la solución en la unión. Bella imagen del símbolo. Por ello, en *Cábala. Nuevas perspectivas*, uno de sus mejores libros entre los vertidos al castellano, dice:

> El hombre no es, pues, más que la mitad de una unidad más vasta, que él puede reconstruir mediante su ascensión [...]. Así, la forma *yod* comprende dos *yod*: una simboliza al hombre; la otra, a la parte divina. Cada una de ellas está representada gráficamente por un semicírculo, que es la forma de la *yod* en el alfabeto hebreo. La reunión de esos dos semicírculos concluye en la formación de un círculo completo.[28]

Se presenta así una obra novedosa, diferente, dentro del concepto de tradición. Otra, también original y sugestiva, es *Estudios de cábala extática*, que aparte de la *unio mistica*, insoslayable en este caso, realiza incursiones en distintos ámbitos buscando posibles similitudes o conexiones internas entre ellos y el pensamiento de Abulafia: el catarismo, el mesianismo, la otra cábala, el *mundus imaginalis*, el cristianismo, acercando así distintos aspectos de las tradiciones del Libro.

Cierra estas perspectivas cabalísticas, entre otros, un libro de interés especial: *Estudios sobre la cábala en Cataluña,* una recolección de textos (1988-2016) que, vista en su conjunto, está entre lo mejor sobre el tema. Idel no solo revisa algunos puntos de Scholem sobre la cábala en tierras catalanas, sino que resalta la cábala barcelonesa y concede a Abufafia un papel primordial. Constata, además, varias tendencias cabalísticas y diversas maneras de entenderlas. Trata Idel de

---

[28] Moshe IDEL, *Cábala. Nuevas perspectivas*, Siruela, Madrid, 2005, p. 106.

distinguir entre las orientaciones provenzales, las gerundenses y las barcelonesas, y de corregir algunos errores sobre el
tema. Así, deslinda, por ejemplo, la cábala de Najmánides
de la de Isaac el Ciego, que no eran idénticas, y señala que en
Cataluña coexistieron, al menos, «dos escuelas cabalísticas
diferentes que procedían de fuentes distintas».[29] Y lo mismo
apunta en el ámbito barcelonés:

> En este período (1270-1330) hubo dos tipos principales de cába-
> la, que se propagaron en algunos pequeños círculos de Barcelona:
> el primero continuaba las antiguas doctrinas propuestas por Naj-
> mánides; el segundo estaba constituido por las primeras formas
> de cábala extática, estudiada allí por Rabí Abraham Abulafia.[30]

Najmánides, distinto de sus colegas de Gerona, entendió la
cábala como algo minoritario, de grupos selectos, secreto.
Abulafia, por su parte, judío nacido en Zaragoza, transeún-
te en Barcelona, dio a la cábala una orientación lingüísti-
co-extática. Una doble vertiente de la cábala barcelonesa
destacada también por Manuel Forcano en *Els jueus catalans* (2014), que separa la cábala teórica, la primera, de la
cábala práctica, la de Abulafia. La rivalidad entre ellas creó
suspicacias y recelos, siendo la culpable, en parte, del exilio
de Abulafia. Idel recoge también las relaciones de la cábala
abulafiana con el arte de Llull, tema igualmente sugestivo.
El hecho no era insólito, puesto que ambos habían estado en
las mismas fuentes y ambos tuvieron interés por los mismos

[29]   Moshe IDEL, *Estudios sobre la cábala en Cataluña*, Alpha Decay, Barcelona, 2016, p. 32.
[30]   *Ibid.*, p. 33.

métodos combinatorios y oracionales de las letras, como también recuerda Amador Vega en su libro *Ramon Llull y el secreto de la vida* (2015).[31]

La originalidad de Idel está en que supo recoger todas estas doctrinas cabalísticas y darles un nuevo enfoque. Especialmente, como recuerda también Elémire Zolla, al tratar «la materia del éxtasis místico entendido como profecía que conduce al estado mesiánico como metáfora del desarrollo espiritual».[32] Y ello es, en esencia, lo que configura la nueva hermenéutica cabalística, la de Idel, después del magisterio de Scholem.

4 CÁBALA Y POESÍA

En cuanto a las relaciones entre cábala y poesía, también importantes, hay que señalar no solo que algunos cabalistas fueron poetas, como el mismo Abulafia, sino que la cábala influyó con frecuencia en la poesía posterior. Su incidencia en los tiempos actuales queda patente, sobre todo, en autores de la talla de Juan-Eduardo Cirlot y José Ángel Valente. Con ellos tenemos otra perspectiva del tema. Cirlot conoció las doctrinas cabalísticas sobre todo a través de *Las grandes tendencias de la mística judía* de Scholem, que dejaron huella ya en los años cincuenta en su *Diccionario de símbolos* y en su poesía experimental, especialmente en *El palacio de plata* y en *Bronwyn*, como hemos apuntado otras veces. Cirlot se

---

[31] Amador VEGA ESQUERRA, *Ramón Llull y el secreto de la vida*, Siruela, Madrid, p. 34 y 79-82.

[32] Elémire ZOLLA, «Moshe Idel», en *Uscite dal mondo*, p. 527.

interesó especialmente por la figura de Abulafia, al que asoció con Schönberg, que también era judío, y combinó las teorías permutatorias con las de la música dodecafónica y el atonalismo. Ambos, Abulafia y Schönberg, vivieron en Barcelona, eligiendo puntos clave de la ciudad, como el barrio de Vallcarca, en el Valle de Hebrón, donde vivió Schönberg, o el Barrio Gótico —con raíces judías—, cuyo pavimento recorrió Abulafia. Pero Cirlot desapareció pronto, antes de que los mejores estudios sobre el mundo abulafiano, los de Idel, vieran la luz. Sí que manejó con solvencia los distintos trabajos de Scholem, que fue su contemporáneo, y apenas le sobrevivió.

La otra figura, José Ángel Valente, también se dejó influir por la cábala, por el *Séfer Yetsirá* y por Abulafia especialmente, en dos aspectos fundamentales: la actitud de desnudez —cosa que es evidente en su poesía última— y el espíritu y temática que la impregnan. Pero esto sucede después de su época de *Punto cero* (1953-1979), es decir, después de desaparecido el mismo Cirlot, que sirve de línea divisoria entre el Valente social y el cabalístico. A partir de los ochenta, en verso y en prosa. *Tres lecciones de tinieblas* (1980), del tiempo de su poesía del silencio, fue su primera gran incursión en el mundo cabalístico. Entonces, como comentó en su «Lectura en el Círculo de Bellas Artes de Madrid», recogida en sus *Obras completas*, preparó durante dos años un libro con meditaciones sobre las catorce primeras letras del alfabeto hebreo, tres lecciones que repartió entre *álef, bet, guímel, dálet, he/wav, zayin, jhet, tet/yod, caf, lámed, mem* y *nun*:

> Y creo que esos catorce textos son la experiencia más extrema que haya tenido nunca de lo que podríamos llamar *escritura por espera* o *escritura por escucha*, es decir, una escritura en la que tra-

té de eliminar en todo lo posible el elemento de intencionalidad que toda escritura difícilmente deja de arrastrar. Se trataba para mí de reducir ese elemento de intencionalidad a su nivel mínimo, y, de ser posible, a su nivel cero. Como ustedes saben, las letras del alfabeto hebreo tienen valores numéricos, y además representan condensaciones de la energía cósmica. Evidentemente, sobre la meditación de las letras se levanta todo el edificio de lo que conocemos con el nombre de cábala.[33]

Así, en relación con la letra *tet*, escribe: «Leo ahora la letra *tet* que tiene el valor 9. Es una letra asociada a la simbología de lo femenino. Incidentalmente les recuerdo que es la letra que corresponde a Beatriz en la *Divina Comedia*.»[34] Una forma de búsqueda del centro, como en Cirlot, de la búsqueda de métodos coligantes: «La sangre se hace centro y lo disperso convergencia.»[35] La influencia de la cábala y el simbolismo no acabó ahí en su obra, y en el siguiente libro, *Mandorla* (1982), que también comentó, el simbolismo místico continúa. Valente volvió a hablar de ello en otros escritos y actos, como en el de entrega del VII Premio Reina Sofía de Poesía Iberoamericana, donde disertó sobre el valor poético de la palabra y su relación con la cábala: «La palabra es la raíz de toda creación. Toda creación nos remite interminablemente al comienzo. Toda creación es nostalgia del acto creador inicial. Toda escritura asiste al nacimiento de

---

[33] Ángel VALENTE, «Lectura en el Círculo de Bellas Artes de Madrid», en *Obras completas,* vol. II, *Ensayos*, Galaxia Gutenberg / Círculo de Lectores, Barcelona, 2008, p. 1597.

[34] *Ibid.*, p. 1598.

[35] *Ibidem.*

las letras.»[36] En otras ocasiones («Lectura en la Residencia
de Estudiantes», «Lectura en Tenerife») habla de la creación
y del creador, el poeta, de las vivencias de la cábala y de
los cabalistas, ya sea dentro de la línea zohárica como de la
abulafiana. La meditación poética y la mística, tan enlaza-
das en las religiones del Libro —judía, cristiana y árabe—,
van juntas, como también mostraran los estudios de Mario
Satz y de Luce López-Baralt. ¿Se cierra ahí la incidencia de
la cábala en tierras de Sepharad? No. Si leemos bien otras
obras, como las de los poetas Espriu o Forcano, podemos
comprender que su abanico puede aún ser más amplio.

El mismo Abulafia, que era poeta, como hemos visto,
es un ejemplo. Acabamos con la versión de un poema suyo,
una escala de la ascensión:

Abraham, Abraham desciende.
Abraham, Abraham asciende.
Aguas de nieve, el granizo devasta.
Aguas del pozo, el valle se empobrece.

La Verdad es semejante a una escalera, para alabar a la Roca
          [—principio de los intelectos supremos
sin determinación, su nombre es las diez *sefirot* —adoradas por
          [los corazones circuncisos.
El ser dotado de inteligencia sigue las diez disposiciones
          [entregadas en la fe a los intelectos.
Son las vías de la expresión vocálica —se transmiten, pero
          [ascienden y descienden.
Se forman, pero no con la composición de las criaturas —en las
          [letras están combinadas y sopesadas.

[36]   Ángel VALENTE, «Discurso en el acto de entrega del VII Premio
Reina Sofía de Poesía Iberoamericana», *Obras completas*, vol. II, p. 1584.

Su nave rebosa de abundancia —y su balanza de sonidos y de
                        [voces.
En su ser se regula toda permutación —firmamentos con la
                [base de las criaturas humildes.
Lejos se hallan de la luz de las luminarias —su estela es el
              [principio rector de toda actividad.
Los sonidos de la lengua están unidos a ellas —su manantial
              [brota del manantial de la vida.
Truecan el nombre de esclavas por el de señoras —llaman
                [señores a los esclavos.
Sin par, igual que piedras preciosas —se han consultado, y de
              [ella dimana una ley suprema.
Unidas y dispuestas en líneas de versos —para venerar y exaltar
              [al Señor de los que celebran.
Se adhieren a la imagen de la materia en la forma —esencia son
              [Del Nombre, contenidas en Él están.
Inmensidad de lo particular y de lo general —sabed cuál es el
              [fundamento de los accidentes en las formas—.
Los hábitos internos ¿no son, quizás, circunstancias y objetos?
              [pisoteados sin norma, ni ley.
Desdichado de mí, si en los cuerpos de los necios —sin
              [conocimiento, las almas permanecen prisioneras
El señor convierte en profetas los corazones nobles
              [—expresiones de voluntad, en instantes fugaces.
Antes que nada, instruir a los ignorantes —de modo que teman
              [los pecados y las tentaciones.
Las tablas grabadas están llenas de mensajes —la Roca los
              [escribió con letras radiantes.
Todas las expresiones encierran sentidos ocultos —¿quizás para
              [preservarlas en el joyero de la vida?
Porque con los seres sin conocimiento, con los ignorantes —los
              [Salmos quedan sin protección.
Dulces como la miel son las palabras vacías —según lo que
              [dicen los extranjeros.

Las reglas del cuerpo sirven para realizar sus fines —los otros—
[los deseos, no tienen orden.
Parece perfecto: los números revelan —el valor de la fe y las
[doctrinas de la tradición
los ha elegido la Roca con cuatro estandartes —los ha
[transmitido, para que se cumpla toda indagación.
Sois la verdad, oh, nombres, principios sublimes —aquilatados
[en nuestro corazón por la alabanza.[37]

[37]   Versión en castellano de Antonio Blanco del poema incluido en Abraham ABULAFIA, «I sette sentieri della Torah», en *Mística Ebraica,* a cargo de Giulio Busi y Elena Loewenthal, Einaudi, Turín, 1995, p. 383-384.

VI

HENRY CORBIN Y EL SUFISMO: EL MUNDO IMAGINAL

Henry Corbin proclama a menudo que el sentido de una obra viviente es el de ser viviente en el presente: leer no es medir la distancia que nos vuelve extraño lo que tenemos delante de los ojos, la parte de sombra necesaria que la lengua o las costumbres han depositado sobre la obra. Es conocer una faz de la verdad.

CHRISTIAN JAMBET

Todo el itinerario espiritual de Henry Corbin comienza, por así decir, la realización concreta y ritual de una iniciación. […] También se conoce el gusto espiritual del maestro por las herejías […] cristianas o musulmanas y su exasperación ante el reproche superficial de «sincretismo» que se ha hecho por parte de círculos ciegos.

GILBERT DURAND

Si tuviéramos que buscar una categoría definitoria de todo el pensamiento de Corbin, esta sería la de mediación; pues, en efecto, podemos comprobar cómo es una constante vital, intelectual y existencial de toda la obra y vida corbinianas.

JOSÉ ANTONIO ANTÓN PACHECO

I LOS PRECEDENTES: LOUIS MASSIGNON, ASÍN PALACIOS Y EUGENIO D'ORS

Dentro de los estudios del sufismo realizados por occidentales, entre la infinidad de estudiosos que pueblan los catálogos editoriales, de mayor o menor difusión, destacan los trabajos del simbólogo francés Henry Corbin, el que fuera miembro del conocido Círculo de Eranos, la más prestigiosa agrupación sobre el estudio de los símbolos del siglo XX. El interés por el sufismo no era nuevo: tenía ya unos precedentes importantes, como Adam Mez, Louis Massignon, Miguel Asín Palacios y otros, como Eugenio d'Ors, que, sin ser un especialista, resulta muy sugestivo. El trabajo de Adam Mez, desaparecido en 1917 y recogido póstumamente en *El renacimiento del islam* (1934), no era en realidad un estudio sobre el sufismo, sino un estudio global sobre el mundo islámico, en especial el oriental, pero allí el sufismo queda dibujado dos veces, una en el capítulo «Literatura» y otra en el capítulo «Religión». El trabajo de Louis Massignon, ya centrado en el tema, es conocido sobre todo por obras como *La pasión de Hallâj, mártir místico del islam*, un libro que sí sentó cátedra en los altos estudios tradicionales, presentando, en cuatro volúmenes, el perfil humano y espiritual del poeta iraní, y tratando de su pasión, obra, muerte y trascendencia, aspectos que tienen ciertos puntos de contacto con la vida de Jesús de Nazaret. Massignon dedicó toda su vida al tema, secundado después por su discípulo Herbert Mason, que ha seguido en la línea de sus investigaciones. El hecho de ser Hallâj condenado a muerte y crucificado por algo semejante a Jesús —por decir: «*Ana'l-Haqq*: Yo soy la Verdad»—, y el que con frecuencia se lo vea como un loco de Dios, unido a su ideario poético, debió de impresionar a Massignon, como también nos impresiona a nosotros, lectores asiduos de sus versos. Así, escribió en el prefacio de 1914: «Hallâj ha llegado a ser el prototipo del *amante perfecto* de Dios, condenado a la horca por ser el emisario del clamor extático.»[1] Así, sus estudios consiguieron despertar el interés occidental por el poeta y místico sufí, un interés que se ha mantenido hasta hoy, hasta las traducciones mismas del *Dīwān* de Hallâj por Halil Bárcena. Massignon fue el primer gran estudioso del sufismo.

El segundo gran estudioso fue Miguel Asín Palacios, que entró en una polémica con Massignon y destacó con obras como *El islam cristianizado*, *Las huellas del islam*, *Tres estudios*, *Vidas de santones andaluces* o *Escatología musulmana en la Divina Comedia*, sobre todo, donde puso de relieve la gran ligazón que existe entre el mundo árabe y las culturas mediterráneas —española, italiana y francesa, especialmente. Asín Palacios se centró en el mundo andalusí, que puso en relación, en particular, con la cultura de otros místicos y tendencias espirituales peninsulares y no peninsulares. Así, en *Huellas del islam* (1941) relacionó la influencia de aquella cultura con figuras trascendentales del cristianismo, como santo Tomás de Aquino, Anselm Turmeda, Pascal o san Juan de la Cruz, mientras que en *Escatología musulmana en La Divina Comedia* (1919), una de sus obras más ambiciosas, reflejaba las deudas de Dante con el mundo espiritual árabe, empezando por la idea del viaje y siguiendo por la creación de esferas espirituales, estancias paradisíacas o

---

[1] Louis MASSIGNON, *La Passion de Hallâj*, vol. I, Gallimard, París, 1975, p. 15.

infernales, personajes, paisajes, visiones y leyendas; así, por ejemplo, la figura de la doncella como mediadora o el símbolo del puente Chinvat como paso entre mundos. *Daêna*, por ejemplo, se transfiere a *Sophia*-Beatriz. Mientras que en obras como *Tres estudios, El islam cristianizado. Estudio del «sufismo» a través de las obras de Abenarabi de Murcia*, o *Vidas de santones andaluces*, se centra en el islam mismo y en sus figuras, como Ibn Massara, Abü-l-Abbás Ibn al-Arif de Almería e Ibn Ben ʔArabī de Murcia, sobre todo el último, a quien dedica los dos últimos estudios mencionados. Y es que para Miguel Asín Palacios, Ibn ʔArabī, un andalusí, es la figura esencial del sufismo, o mejor, la excusa para estudiar el sufismo *a través* de sus obras. Pero también hay otro fin perseguido con sus estudios: mostrar la hermandad entre las espiritualidades cristiana y musulmana. Asín Palacios polemiza con Massignon al definir el concepto de *sufismo* y luego estudia las edades de Ibn ʔArabī para pasar después a sus fuentes, principios, géneros y métodos, así como sus medios —canto, oración, estados y éxtasis—, y llegar, a continuación, a los textos. Es evidente que los estudios de Asín Palacios también han contribuido a mantener viva la llama del interés por el místico murciano. Seguidor de Asín Palacios fue, entre otros, Emilio García Gómez, que entró más bien en el mundo de los poetas andalusíes, empezando por los autores de las jarchas y siguiendo por los incluidos en las antologías generales —de poemas arabigoandaluces— y por la presentación de grandes nombres como Ibn Hazm de Córdoba, autor de *El collar de la paloma*, o Ben Quzmán, autor de zéjeles. Y esto, sobre todo en el caso de Ibn Hazm, fue también un paso para conocer mejor el mundo andalusí, su poesía, aparte de su misticismo.

Sin embargo, Henry Corbin, que conocía bien estos precedentes y otros varios y que fue sucesor de Massignon en su cátedra, sintió también especial simpatía por Eugenio d'Ors, que había publicado dos obras sobre la angelología: *Oraciones para el creyente en los ángeles* (1940), que salió en Barcelona, e *Introducción a la vida angélica. Cartas a una soledad* (1941), que apareció en Buenos Aires. El primero era una breve colección de composiciones poéticas bienintencionadas, curiosas, pero nada más; pero el segundo apuntaba ya más allá en el tema, como bien señala el propio Corbin, resaltando algunos elementos esenciales como el de *Daêna* y el puente Chinvat. Escribe Corbin:

> Todas estas conexiones han sido admirablemente presentadas en un librito con el que estamos lejos de estar de acuerdo en todas sus páginas, pero por el que queremos expresar nuestra simpatía, porque es uno de los escasos tratados de angelología escrito en nuestro tiempo y porque con frecuencia le inspira una audacia generosa: Eugenio d'Ors: *Introducción a la vida angélica, cartas a una soledad*, Buenos Aires, 1941, especialmente las páginas 37-40 y 62-63.[2]

Que Corbin se sintiera cerca de Eugenio d'Ors —que no era iranólogo— lo explica el hecho de que la mayoría de los estudios del autor francés se centren en el mundo iraní o persa, y sobre el tema del ángel, al que también se refiere Eugenio d'Ors, aunque de distinta manera. Efectivamente, el simbólogo francés no se dilataría en sus investigaciones sobre

[2] Henry CORBIN, *L'homme de lumière dans le soufisme iranien*, Présence, Sisteron, 1971. Reedición: 1984, p. 108, nota 106.

el mundo árabe en Occidente, el andalusí, aunque también las tiene (sobre Avicena, sobre Ibn ʾArabī, en particular), sino sobre las del territorio oriental, el del Irán y la antigua Persia: en especial los siglos anteriores al XIII, y ello lo llevaría a cabo, según dijera Durand,[3] como una verdadera iniciación.

El interés por la simbología en Corbin tiene, sin embargo, otro origen. Nacido en París en 1903, realizados luego los estudios pertinentes de secundaria, llegó a la universidad, donde se licencia en filosofía, y este es el arranque de su recorrido. Fue sobre todo bajo la tutela intelectual de Étienne Gilson cuando encontró su verdadera orientación: en un curso sobre Avicena, decidió aprender árabe en la Escuela de Lenguas Orientales; luego continuó su preparación hasta los treinta años; y a partir de ahí fue entrando en contacto con las más importantes figuras del pensamiento occidental, como Jean Baruzzi, Georges Vajda, Louis Massignon, Émile Benveniste, Rudolf Otto, R. Tagore, Henri-Charles Puech, Hugo Friedrich, Martin Heidegger o Georges Dumézil. A través de Massignon, su antecesor, conoció la *teosofía oriental* de Sorhavardî, en 1929, lo que generó en él tal pasión por el místico iraní que se entregó enteramente a su estudio, presentando poco después la primera traducción de un texto suyo; desde entonces es considerado uno de los grandes representantes del sufismo. La vida misma de Corbin cambiaría, pasando del interés por Heidegger al interés por Sorhavardî, intentando encontrar una metafísica en Oriente, mientras Europa se revolvía en la *decadencia de las espiritualidades*, como señala

[3]   Gilbert DURAND, «Hommage à Henry Corbin», prólogo a la edición francesa de *Temple et contemplation*, Médicis-Entrelacs, París, 2006, p. 9-21.

Durand, o se revolcaba en sus cenizas. Y es aquí donde su obra cala hondo, pues no solo trata del sufismo iranio, sino que va a sus orígenes persas y a las fuentes del mazdeísmo y del mundo del *Avesta*, cuyo universo de luz y angelología tanto llamara la atención de Sorhavardî mismo. Si Asín Palacios se centró más en el área hispana, el Al-Andalus, y Louis Massignon en el sufí iraní Hallâj, el principal centro de interés de Corbin fue la iranología, como expresión en bloque; poco le importaba que otros le advirtieran que nada iba a encontrar allí. Más adelante alternaría sus estancias en Irán con otras en otros países, como Francia o Suiza, singularmente, entrando en el Círculo de Eranos, donde dio su primera conferencia en 1940, a los cuarenta y seis años: «El relato de iniciación y el hermetismo en Irán». Mientras tanto, seguía con la labor de investigador y conferenciante, que lo llevó a visitar importantes ciudades que eran también centros de cultura, como Estambul, Roma, Los Ángeles o Ascona, y a mantener diversos contactos con otras figuras del mundo de los símbolos y la reflexión sobre la cultura: Carl G. Jung, Mircea Eliade, Gershom Scholem, Giuseppe Tucci o Emil Cioran. Y, paralelamente, escribía sus libros, que fueron varios y rellenaron un hueco en la hermenéutica de su tiempo.

2 HENRY CORBIN: LAS GRANDES OBRAS

Figuras esenciales

Su obra esencial, como ya advirtió Juan-Eduardo Cirlot, fue un cuarteto de libros en torno a la mística persa: *En islam iranien* (1971-72), que se centran, sobre todo, en autores como el mencionado Sorhavardî, y en Rûzbehân, los dos de su máxima devoción. El primer volumen, dedicado al chiismo, es una mirada al mundo espiritual y a los secretos de la imanología; el segundo es un estudio sobre el concepto de *fieles de amor* y el desnudamiento en las vías espirituales del místico Rûzbehân; el tercero, un estudio del neoplatonismo en la figura del místico Sorhavardî, y el cuarto, dos calas en el Oriente místico atendiendo a las escuelas iraníes y al decimosegundo imán y la caballería espiritual. Estos volúmenes fueron los que configuraron la visión del sufismo iraní en Cirlot y los que utilizó en sus ensayos últimos.

Paralelamente, en otras obras, Corbin había venido tratando algunos de esos autores, traduciendo sus obras y dándoles un relieve especial, como hizo con Sorhavardî en *L'Archange empourpré* (1976) ('El arcángel teñido de púrpura'), quince tratados y relatos místicos debidamente traducidos, prologados, anotados y difundidos, o como hizo con obras de Rûzbehân o Mulla Sadrā. Los relatos de Sorhavardî son textos que hablan, entre otros temas, sobre el exilio occidental —terrestre—, el encuentro con el ángel y la búsqueda de la montaña de *Qâf*. Los más conocidos son *El rumor de las alas de Gabriel*, «El ángel teñido de púrpura» y *El relato del exilio occidental*, aunque tiene varios más. En todo caso, se trata de escritos iniciáticos que retoman el tema de la *quête*, del *homo viator* y de la montaña mística, y los llevan a su máxima expresión. Resulta muy interesante la estructura simbólica que subyace en esos textos, donde se combinan diálogo y narración. Así, en «El ángel teñido de púrpura», el Sabio recrea un mundo simbólico que atrajo la atención del mismo Marius Schneider en *Música primitiva* y del poeta Carlos Edmundo de Ory en *Melos Melancolía*:

Sabe que Gabriel tiene dos alas. Una, la de la derecha, es luz pura. Esta ala es, en su totalidad, la única y pura relación del ser de Gabriel con Dios. La otra ala es la de la izquierda, sobre la que se extiende una cierta marca tenebrosa que se asemeja al color rojizo de la luna cuando sale o a la de las patas del pavo real. Esta marca tenebrosa es su poder-ser (*shâyad-bûd*), que tiene un lado vuelto hacia el no-ser (puesto que es *eo ipso* poder-no-ser). […] Y del ala izquierda de Gabriel, aquella que implica una cierta medida de tinieblas, desciende una sombra, y de esta sombra procede el mundo del espejismo y de la ilusión, como dice esta sentencia de nuestro Profeta: «Dios ha creado las criaturas en las tinieblas, después ha derramado sobre ellas su Luz.» […] El mundo de la ilusión es, pues, el eco y la sombra del ala de Gabriel, quiero decir, de su ala izquierda, mientras que las almas de luz emanan del ala derecha.[4]

El mundo del ángel. El de la luz. Lo mismo que ocurre con otra obra, esta más teórica, del mismo Sorhavardî: *El libro de la sabiduría oriental* (1986), amplio tratado sobre el universo de la luz que pretende «resucitar a Platón o Zoroastro»; un mundo de *luz de luces* que se remite al *Xvarnah* o paraíso persa, a la experiencia mística.

Un interés semejante muestra Corbin por otros autores como Rûzbehân y Molla Sadrâ. De Rûzbehân tradujo y comentó su bello tratado *Le jasmin des fidèles d'amour* (1991) ('El jazmín de los fieles de amor'), verdadera reflexión sobre el amor místico, donde lo humano se une a lo divino, utilizando las escalas del amor y la belleza, el espejo espiritual y la contemplación. En la explicación que Corbin da del tema se trata de una *búsqueda* donde se llega a la divinidad

---

[4]   Shihâboddîn Yahyâ Sorhavardî, *L'archange empourpré. Quinze traités et récits mystiques*, Fayard, París, 1976, p. 236-237.

a través de la majestad y la belleza: una experiencia teofánica. Algo que implica a todo el ser: el amor, el enamorado, el amado, como expresa muy bien esta combinación de prosa y verso en este fragmento:

> La suprema belleza se une a mi amor, porque mi historia desde su comienzo procede de este origen donde el amor y la belleza se funden. Si no somos nosotros mismos el amor, el amante y el amado, entonces ¿quién lo es? Todo lo que no sea este instante indivisible no es más que mundo de la dualidad. Medita este hecho admirable: yo soy quien, sin mí, soy el amante de mí mismo (*man bar man bî-mân âshiq-am*). No ceso de contemplarme a mí mismo, sin mí, en el espejo que es el ser del amado. Entonces, yo, ¿quién soy yo?

> En busca del Graal de Jamshîd, he recorrido el mundo.
> No he descansado ni tan solo un día, ni he dormido una sola noche.
> Pero cuando oí del Maestro la descripción del Graal de Jamshîd,
> Ese Graal que muestra el universo, lo entendí: era yo mismo.[5]

Del otro autor, de Mollâ Sadrâ Shîrâzî, por su parte, tradujo un tratado metafísico, el más alto ejemplo de metafísica oriental, como lo llama Corbin: *Le livre des pénétrations métaphysiques* ('El libro de las penetraciones metafísicas') (1988). Allí, en la primera de las penetraciones, tantea qué es el ser; y se responde: «la mayor evidencia de las cosas».[6] Todo esto en cuanto a autores particulares de Oriente: los que más le interesaban.

[5]   Rûzbehàn Baqlî Shîrazî, *Le jasmin des fidèles d'amour: Kitâb-e 'Abhar al-'âshiqîn*, Verdier, París, 1991, p. 109.

[6]   Mollâ Sadrâ, *Le livre des pénétrations métaphysiques*, Verdier, París, 1988, p. 86.

Ocasionalmente, también se centra en otros autores árabes, esta vez de Occidente, andalusíes, como son los casos, siempre sorprendentes, de Avicena e Ibn ʾArabī. Aunque al hacerlo advertimos, tanto en uno como otro, el interés de Corbin por reforzar sus teorías de mística árabe oriental. El libro sobre Avicena, titulado *Avicena y el relato visionario* (1979), vuelve a resaltar sus nociones del *relato iniciático* presentes en Sorhavardî. Se trata de un volumen de reflexiones sobre el motivo de la caballería espiritual, el graal y el ángel, que refuerzan, por otro lado, su teoría del *mundo imaginal*. Mientras que en el libro sobre Ibn ʾArabī *La imaginación creadora en el sufismo de Ibn ʾArabī* (1958) presenta muchos de los aspectos que vemos en los tratados tanto de Rûzbehân como de Sorhavardî y algunos otros: el mundo de la luz, la experiencia del sentido oculto (*bâtin*), la idea de reconducción al origen, la idea del Oriente místico, el mundo de *Daêna*, el sofianismo o la religión del amor, entre otros.

Tendencias generales

En otros estudios se centra, o bien en aspectos concretos, o bien en aspectos generales, sobre el mundo iraní o iranio. Así, en *El hombre de luz en el sufismo iranio* se ocupa de los fotismos y las luces de colores en la experiencia mística, distinta según el sujeto y según el matiz. La luz dorada, la luz verde, la luz roja, la luz negra son estudiadas a fondo al tratar sobre el sufismo (al contrario que Scholem al tratar sobre la cábala, que parece que pasa ante ellas de largo). Considera importante la luz *esmeralda*, de Najm Kobrâ, asociada con la *visio smaragdina* y el mundo del *Hûrkalyâ*,

la tierra celeste, y con el descenso de la *sakina*, equivalente
a la *shekhinah* hebrea, imagen femenina de Dios; mientras
que en otros autores la suprema etapa espiritual está seña-
lada por la luz *negra*, imagen del *Deus absconditus*, o la luz
dorada, reflejo del paraíso o *Xvarnah*. En *Cuerpo espiritual
y Tierra celeste* (1979), otra de las grandes obras de Corbin,
penetra en la geografía visionaria de *Hûrkalyâ* y en la tierra
del ángel mazdeísta, para después ofrecernos una antología
de textos tradicionales representativos, a la vez que se las
ve con una compleja terminología de *fravartis* —*Daêna,
Zaymat, Anaita, Spenta Armaiti*, etc., distintos ángeles del
mazdeísmo— y paisajes visionarios escondidos bajo diversos ropajes de palabras —*Xvarnah, Hûrkalyâ*, montaña de
Qâf, Nâ Kojâ Âbâd, el Octavo Clima, el Polo, etc.— para
redondear así una teoría propia, la del *Mundus imaginalis*, o *mundo imaginal*, que no es exactamente un mundo
imaginario, sino un mundo real invisible, el del alma, un
mundo espiritual de símbolos. Lo mismo que ocurre en su
libro *Imagen de Dios / Imagen del hombre* (1983), tratado de
hermenéutica espiritual sufí que retoma muchos de los temas anteriores para volver a insistir en la caballería espiritual (epopeya o relato místico) y en el mundo hierático, así
como en la gnosis ismaeliana. *Trilogía ismaeliana* (1994) se
llama, precisamente, otro de sus trabajos sobre el simbolismo, aunque ahora sobre otros autores.

Algo parecido ocurre en *Tiempo cíclico y gnosis ismaeliana* (1982), aunque lo más sugestivo es su tratamiento de
la noción de *Daêna*, donadora de tiempo eterno frente al
tiempo caduco, y su evocación del puente Chinvat, lugar
del encuentro con la *partenaire* celeste. Mientras que en
El hombre y su ángel (1983) recoge algunos de los motivos

claves de su corpus simbólico, como el del ángel y la iniciación, y, partiendo del «Relato del exilio occidental», inicia
un recorrido que lo lleva hasta el doble celeste y la naturaleza perfecta para acabar en la caballería espiritual en el
islam iranio. Un caso especial supone *Templo y contemplación* (1981), un conjunto de cinco tratados sobre el simbolismo de los colores, las correspondencias de los mundos, el
simbolismo de los templos y su imagen en distintas culturas y autores, el mundo judío, el cristiano y el musulmán:
el Templo de Jerusalén, la Kaaba, el grial, los templarios,
Eckhart, Robert Fludd, Swedenborg y otros. El más bello
tratado caballeresco de Corbin, como se ha dicho. Una conjunción entre Oriente y Occidente. Un método contemplativo donde contemplador, contemplación y templo, como
recuerda Durand, se tornan uno. Un mundo donde todo es
real en el *'âlam al-mithâl* o mundo intermedio. Luego, en
Alquimia como arte hierático (1986), recupera nuevas muestras de esoterismo alquímico.

Por último, en otros libros, se centra en aspectos netamen-
te filosóficos. Así, en *Historia de la filosofía islámica* (1964)
lleva a cabo una visión global del sufismo entre Oriente y el
Occidente recogiendo tanto los cánones andalusíes como los
iranios; mientras que en *La filosofía irania islámica* (1981)
estudia los siglos XVII y XVIII iranios; y en *Filosofía irania y
filosofía comparada* (1985) establece relaciones entre Oriente
y Occidente musulmán. Con todo ello, Corbin quiere cons-
tituirse como uno de los mayores estudiosos del sufismo de
todos los tiempos. Por ello, también, su estilo es fácilmente
reconocible, igual que su terminología. Repasamos, a continuación, algunos de los principios teóricos que subyacen en
el fondo de todos estos libros.

Claves simbólicas

A lo largo de su trayectoria, sean cuales sean sus obras, en Corbin encontramos siempre unas ideas claves, ordenadoras de su trabajo, que se van reiterando y formando un denso tejido. La primera de ellas, en torno a la que se construyen las demás, es la noción del *mundus imaginalis*, que desarrolla en el volumen *Imagen de Dios / Imagen del hombre* (1983), según hemos visto, como idea equivalente a lo que los teósofos del islam llaman el *Octavo Clima*, es decir, el *Nâ-Kojâ-Âbâd o país del no-dónde*. Es la idea de mundo intermedio o tierra de las visiones, el *'âlam al-mithâl*, donde todo es visto con la luz interior, imaginal, que no es exactamente una luz material. Corbin se sirve de los relatos de Sorhavardî para exponer sus teorías, en especial el relato de «El ángel teñido de púrpura» (1976), donde el protagonista se muestra originario de «más allá de la montaña de Qâf», la montaña cósmica, tras la que se encuentra un *yo en segunda persona*.[7] Pero también «El rumor de las alas de Gabriel», en el que surgía la pregunta «¿de dónde vienes?» y se daba la misma respuesta: «Vengo de *Nâ-Kojâ-Âbâd*».[8] Es decir, del *país del no-dónde*, el lugar sin lugar, la topografía de las experiencias imaginarias, aquello que se encuentra fuera de las categorías del espacio y del tiempo. Por eso, un poeta persa antiguo, anterior a Sorhavardî, Hallâj, y luego un poeta barcelonés de nuestra época, Cirlot, siguiendo ese curso, hablan del *no-lugar* y del *no-mundo*, es decir, una

---

[7]   Shihâboddîn Yuhyâ Sorhawardî, «Mundus imaginalis», *Face de Dieu / Face de l'homme*, Flammarion, París, 1983, p. 8-9.

[8]   *Ibid.*, p. 10.

categoría que pertenece al imaginal, mundo de la imagen, *'âlam al-mithâl*, el mundo intermedio. ¿Qué es el mundo intermedio?, se pregunta Corbin; y se responde diciendo que es «precisamente ese mundo cuya denominación es la de *Octavo Clima*», un clima también fuera de climas.[9] El mundo arquetípico. Y afirma: «Un lugar espiritual es en relación al lugar corporal, un *no-dónde*».[10] Un lugar que acaba siendo, paradójicamente, el lugar que se busca, el *dónde* mismo, la residencia del alma. El *'âlam al-mithâl, mundus imaginalis*, es del mismo modo el espacio de las ciudades visionarias, místicas, como la llamada *Hûrkalyâ*, «donde el tiempo se hace reversible y el espacio está en función del deseo».[11] Por eso, en su teoría del *imaginal*, Corbin no se aparta ni un ápice de los relatos visionarios, en especial los de Sorhavardî.

Otros aspectos de las teorías de Corbin, relacionados con lo anterior, son las nociones de *ta'wîl, sofiología, sacramentum amoris, religión de la belleza, angelología, fotismos de color, dhikr* y *samâ*. La primera de ellas es la idea de *ta'wîl*, de origen chiita, presente en obras como *La imaginación creadora en el sufismo de Ibn 'Arabī* (1958). Es definida por Corbin como la interpretación o «exégesis espiritual esotérica que percibe y transmuta todos los datos materiales, las cosas y los hechos, en símbolos, y los "reconduce"».[12] Según ello, cualquier elemento exotérico (*zâhir*), externo, inmediato, literal, tiene su equivalente esotérico (*bâtin*), interior, oculto, simbólico,

---

[9]   *Ibid.*, p. 16.
[10]   *Ibid.*, p. 21.
[11]   *Ibidem.*
[12]   Henry CORBIN, *La imaginación creadora en el sufismo de Ibn 'Árabî*, Destino, Barcelona, 1993, p. 41.

y se tiene que intentar ir de uno al otro. Se debe intentar siempre buscar el sentido esotérico, profundo, función en la que interviene un guía espiritual, cuyo magisterio consiste en iniciar al *ta'wîl*. El *ta'wîl* se presenta, entonces, como una puerta o un camino de acceso al mundo superior. Las doctrinas de la luz de los grandes místicos, Sorhavardî e Ibn ʾArabī, por ejemplo, le pueden servir de soporte o guía. El *ta'wîl* es, pues, una hermenéutica, una *exégesis espiritual*, una vía hacia el *retorno*, una reconducción de cada cosa al origen. ¿Qué reconduce y a quién reconduce? Reconduce, sobre todo, el sentido de los textos, y reconduce a la verdad (*haqîqat*). Corbin insiste en ello en otros libros como *Avicena y el relato visionario* (1979), donde escribe: «El *ta'wîl* hace regresar la letra a su sentido verdadero y original (*haqîqat*) "con el cual simbolizan" las figuras de la letra exotérica.»[13] Y afirmaciones semejantes realiza también al analizar los relatos iniciáticos de Sorhavardî. Una vía para superar la apariencia.

Por su parte, *sofianidad, sofiología*, de *Sophia*, son términos que utiliza, sobre todo, al hablar de Ibn ʾArabī y su *Libro de las conquistas espirituales de La Meca*, donde aparece *Sophia* «emergiendo» detrás de una visión que tiene como fondo la Piedra Negra de la Kaaba. Más tarde recupera su figura de nuevo, detallando una aparición nocturna inquietante: «*Sophia*, surgiendo de la noche, murmuró al oído del peregrino pensativo que daba vueltas alrededor de la Ka'ba: ¿Estarás tú mismo ya muerto?»[14] La experiencia mística de Ibn ʾArabī anuncia ya, desde lejos, las de Dante y Novalis

[13] Henry CORBIN, *Avicena y el relato visionario*, Paidós, Barcelona, 1995, p. 42.

[14] Henry CORBIN, *La imaginación creadora…*, p. 118.

con Beatriz y Sophie, una figura de dimensiones teofánicas. Después la vemos aparecer en la faz de la bella *Nezâm*, hija de la armonía, que tenía por sobrenombre *Ojo de sol y de la belleza*. Fue otra presencia de una «"figura de aparición" (*sûrat mithâlîya*) de la *Sophia aeterna*», como escribe Corbin.[15] El místico murciano lo expresará en versos que anticipan las noches y diarios de Novalis o los versos de *Bronwyn* en Cirlot: una realidad *otra* en esta realidad. El encuentro con *Sophia*, aquella misma de la que Gichtel, el discípulo de Böhme, habló en su *Teosophia practica*. *Sophia*, la Sabiduría divina. Así surge en su poema sofiánico *Diwân*, donde el poeta, el místico sufí, Ibn ʾArabī, exclama, al modo de como luego lo haría san Juan de la Cruz: «¡Oh, maravilla! Un jardín entre las llamas. El corazón se ha hecho capaz de todas las formas.»[16] *Sophia*, sofianidad, que es también religión de amor. La visión de *Sophia* es una Presencia que se hace visible, tangible, como cuenta Ibn ʾArabī:

Cierta noche, cuenta el poeta, estaba yo dando vueltas rituales alrededor del templo de la Kaʾba […] cuando sentí sobre mi hombro un contacto de una mano más suave que la seda. Me volví y me encontré en presencia de una joven, una princesa […]. Jamás había visto una mujer de rostro más bello, de hablar tan suave, de corazón tan tierno con ideas tan espirituales, con alusiones simbólicas tan sutiles… Superaba a todas las gentes de su tiempo en sagacidad mental y en cultura, en belleza y en saber.[17]

---

[15]   *Ibid.*, p. 166.
[16]   *Ibid.*, p. 161.
[17]   Ibn ʾArabī, citado por Corbin, *La imaginación creadora…*, p. 167-168.

Era la amada, la figura trascendente, una manifestación sensible de «*Sophia* eterna [...], una teofanía», y, como tal, «asimilada a Cristo».[18] El amor se convierte en religión, «la religión del amor místico [...] puesta en relación con una sofiología, es decir, con la idea sofiánica», dice Corbin.[19] Ya lo expresó Novalis, que se sirvió también del amor místico: «Lo que siento por Sophie es religión.»

Ello nos lleva a la *religión de la belleza y de los fieles de amor*. Sobre todo tal como la trata Rûzbehân, en *El jazmín de los fieles de amor*, «El desvelamiento de los secretos: diario espiritual» y «El desnudamiento del corazón». En el primero de ellos, *El jazmín de los fieles de amor*, entremezclándose en el texto, Corbin realiza un viaje por la vivencia espiritual del místico, para quien la belleza es la teofanía suprema, según hemos visto: «La belleza física del ser amado es un espejo, y este espejo es el Oriente donde se levanta y se torna visible la luz del astro interior.»[20] La belleza del ser humano, como mediación entre lo divino y lo humano: «Es a partir del *ojo de Dios* (la forma visible del Amado) que las luces de la Belleza penetran en este espejo que es el rostro humano, es este espejo humano que contempla el alma humana.»[21] O como dice en otra parte, en este caso sobre la mujer: «la mujer es el espejo, el *mazhar*, en el que el hombre contempla su propia Imagen, aquella que era su ser oculto».[22] Pero no como una sola dirección, sino como una relación intercambiable, de comunicación recíproca, en ambos sentidos: «Reciprocidad de

[18] *Ibid.*, p. 168.
[19] *Ibid.*, p. 172.
[20] RûZBEHÂN, *Le jasmin des fidèles d'amour*, p. 75.
[21] *Ibid.*, p. 161.
[22] CORBIN, *La imaginación creadora...*, p. 191.

relaciones, como *dos* espejos frente a frente reflejando la misma imagen.»[23] En el caso de Rûzbehân, en concreto, este expresó también su convulsión ante la belleza y lo sagrado, próxima al *tremendum et fascinans* que luego enunciara Rudolf Otto en *Lo santo*, que consiste en una visión de lo sagrado como una suma de majestad, belleza y terror; expresión que Rûzbehân concretó en la imagen de la rosa roja, símbolo de la unidad, del éxtasis, aprovechando el dicho del Profeta, que acercándosela a los ojos, exclamó: «La rosa roja pertenece a la belleza de Dios.»[24] Dicho que Corbin refuerza con la fascinación de este otro que también recorre los textos del místico iraní: «He conocido a mi Dios bajo la más bella de las formas.» Rûzbehân reveló sus ideas místicas también en obras como *El desnudamiento del corazón*, *Las manifestaciones de luz de la afirmación de la unicidad* y *El desvelamiento de los secretos*, la última recogida en una bella edición reciente, junto con *El jazmín de los enamorados* de Nur, en 2015. Así en su *Diario espiritual*, que es como también se llama su libro *El desvelamiento de los secretos*, escribe Rûzbehân: «Entonces, yo vi resplandor sobre resplandor, majestad sobre majestad, gloria sobre gloria. Y contemplé el océano de la santidad.»[25] También en Najm A'-Din Kubrâ encontramos una mística de la belleza y los perfumes, que para él se trata de una verdadera alquimia, como se advierte en su libro, de aparición reciente —editado por la Editorial Sufí en 2004—, *Manifestaciones de la belleza y aromas de la majestad*.

En relación con todo lo anterior está también el tema de la *angelología*, otro de los motivos fecundos del sufismo

[23] *Ibid.*, p. 313.
[24] Rûzbehân, *Le jasmin des fidèles d'amour*, p. 87.
[25] Idem, *Le dévoilement des secrets*, Seuil, París, p. 181.

iraní. Pero en el mundo iranio no se trata de un ángel custodio o de un simple mediador o mensajero, la imagen de la mediación por excelencia, sino que va mucho más allá. Corbin habla de ello sobre todo en *Cuerpo espiritual y Tierra celeste*, en *Tiempo cíclico y gnosis ismaelí*, en *El hombre y su ángel* y en *La paradoja del monoteísmo*. Allí se refiere a toda una angelología: Miguel, Gabriel, Henoch, Métraton, Christos Angelos y *Daêna*. Destaca entre ellos la figura de *Daêna* y el puente Chinvat, que ya vio escrita en el mencionado libro de Eugenio d'Ors y lo fascinó, pero que luego amplió yendo mucho más allá. En *Cuerpo espiritual y Tierra celeste* iguala el mundo de *Hûrkalyâ* con el mundo del Ángel y manifiesta que la angelología es uno de los rasgos característicos del mazdeísmo zoroástrico. Allí está *Daêna*, el ángel que simboliza el yo trascendente o celeste, que se aparece al alma en la aurora del tercer día de su muerte. *Daêna* como gloria y destino, el *Aión*. Trás de ella se levanta toda una geografía visionaria que está trás del puente Chinvat, lo que se ha llamado el *Xvarnak*, imagen del paraíso, que evoca, de lejos, los antiguos jardines colgantes de las ciudades persas. Allí crecen las plantas de la inmortalidad. Desde allí se vislumbra el *Erân Vêj*, cúspide del origen, el centro al que se regresa. *Daêna* es el Ángel, el yo celeste. La imagen de resurrección. Más concretamente, como aparece en *Tiempo cíclico y gnosis ismaelina* (1982), la figura de *Daêna* es tiempo eterno, el yo de luz, *Sophia*, la promesa de vida, *La luz de gloria*. Decir *Yo soy tu Daêna* equivale a decir «Yo soy tu eternidad». Lo que el alma busca en *Daêna* es su destino. *Daêna* es una presencia destellante en el encuentro, el *Ángel de la Pujanza*. Su papel es reconducir, dirigirse a su destino, el retorno. Lo que se busca en *Daêna* es más tiempo, tiempo perdurable,

eternidad, vida. Resurrección, paraíso. *Daêna* es una inversión
en oro de eternidad: lo que buscan todos los mortales.

Luego están la mística de la luz —los fotismos de color—
y los rituales del movimiento, la música y los cantos —el
dhikr y el *samâ*. De los fotismos de color habla Corbin, ¡y qué
bien!, en *El hombre de luz en el sufismo iranio*. Corbin parte
de la importancia del universo de la luz en el antiguo mundo
mazdeano y avéstico, y la incidencia que ello tiene en Sorhavardî, defensor de la doctrina de la *cognitio matutina* y de las
puras luces aurorales, lo que le da motivo para hablar de los
fuegos místicos, de dorados victoriales, la luz de gloria de la
sakina, que es *Luz de luz* (*Nûl al nûr*), que lo irradia todo.
Luz de diamante, asociada al místico, que obra el milagro de
la transformación: claridad y resistencia. Luz intensa asociada
al destino. Pero también habla de la luz oscura, turbulenta, la
luz negra, asociada a la idea del *Deus absconditus*, «luz color
estratosfera», dice Corbin: «Es la tiniebla de arriba, el negro de
la estratosfera, el espacio sideral, el cielo negro. En los términos místicos corresponde a la luz del En-sí divino (*nûr-e-dhât*),
luz negra del *Deus absconditus*, el Tesoro oculto que aspira a
revelarse.»[26] Un aspecto subrayado también por otros autores,
como Elémire Zolla. Luz dorada, luz negra... Pero hay otras:
la luz roja, la luz verde misma. El color rojo era el favorito de
Rûzbehân, que lo asoció a la belleza y a la majestad (y dentro
de la caballería espiritual posterior corresponde al caballero
rojo, a Parsifal). Mientras que el color verde era el último de los
estadios en el mundo de Najm Kobrâ, y está relacionado con el
dhikr y la *visión esmeralda* y con el Roquedal de Esmeralda, del

---

[26] Henry CORBIN, *El hombre de luz en el sufismo iranio*, Siruela, Madrid,
2000, p. 114.

Octavo Clima de Shoravardî. A él dedicaría Cirlot el poema «Visio Smaragdina», canto al verde esmeralda, al verde de visión y verdad. Y luego están las funciones del *dhikr*, visualizado como un resplandor ardiente y puro, cuya forma por excelencia consiste en repetir la primera parte de la *shahâda*, la profesión de fe: *lâ ilâha illâ 'llâh* (*Nullus Deus nisi Deus*), y seguir ciertas técnicas de movimiento, respiración y posturas. Algo que se complementa con el *samâ* o concierto espiritual, donde el salmista eleva la voz acompañado por los instrumentos.

Esas son las ideas fundamentales del *mundus imaginalis* de Corbin. Todo un tejido de relaciones. O un sistema. ¿Por qué no llamarlo así? Frithjof Schuon lo define de este modo en su libro *El sufismo*. Quiero acabar con una cita:

> Todo cosmos, desde el orden de los astros hasta el más mínimo cristal, es un sistema, en el sentido en que cada uno refleja la homogeneidad del orden principal; el universo está tejido de necesidad y de libertad, de rigor matemático y de juego musical, de geometría y de poesía. Sería denigrar el sufismo afirmar que este no es susceptible en modo alguno de formulación sistemática; que no es, como cualquier otra doctrina completa, un cristal que capta la luz divina y se refracta conforme a un lenguaje particular y universal a la vez.[27]

3 OTRAS PERSPECTIVAS

Entre los autores contemporáneos y posteriores a él, muchos han ido perfilando sus ideas; otros se han dirigido por otros

[27] Frithjof SCHUON, *El sufismo, velo y quintaesencia*, Olañeta, Palma de Mallorca, 2002, p. 10.

caminos. Pero todos han tratado de hacer más grande un fenómeno que algunos consideran histórico y otros lo ven como un
germen vivo. Algunos son divulgadores de las doctrinas e ideas
del sufismo, otros son verdaderos estudiosos comprometidos a
fondo con el tema; algunos lo viven y lo consideran una realidad viva y hay también verdaderos maestros. Mencionaremos
varios de ellos: Jean Chevalier, Idries Shah, Martin Lings, Titus
Burkhardt, F. Schuon, Christian Jambet, Leo Schaya, Jean
During, Annemarie Schimmel, Toshihiko Izutsu, Mehdi
Amin Razavi, Christian Boraud, Hasim Alubudi, Seyyed
Hossein Nasr, Nurbakhsh, Sulamí, Claude Addas. Algunos
de sus libros destacan por su labor de difusión de aspectos generales, globales, como el de Jean Chevalier (*El sufismo*, 1947)
y el de Martin Ling (*¿Qué es el sufismo?*, 1981), que tratan
temas como el origen, las figuras esenciales, el lenguaje secreto y el método; o como los de Idries Shah (*Los sufíes*, 1964),
que versa sobre los itinerarios y la realización, y de Frithjof
Schuon (*El sufismo*, 1980), que toca controversias o paradojas del sufismo de gran interés, a los que hay que añadir
algunos más. Otros son introducciones especiales, y, en cierto sentido, necesarias, fundamentales, al tema, como la de
Seyyed Hossein Nasr (*Sufismo vivo. Ensayos sobre la dimensión
esotérica del islam*, 1980), la de Abderramán Mohamed
Maanán (*Tasawwuf*, 2006), la de Halil Bárcena (*Sufismo*, 2012), la de Christian Braud (*Introducción al sufismo*, 1994) y
la de Annemarie Schimmel (*Introducción al sufismo*, 2003), autora también de conocidas obras sobre el tema, como *El sufismo o las dimensiones místicas del islam* (1975) o *Mi alma es una
mujer. La mujer en el pensamiento islámico* (1995).

Otros son trabajos que tratan sobre un aspecto en particular, como *La doctrina sufí de la unidad* (1962) de Leo

Schaya, *Sufismo y ascetismo* (2005) de Jasim Alududi, *Musique et extase* (1988) de Jean During, *Futuwwah. Tratado de caballería sufí* (1991) de Sulamí, *El viaje iniciático en tierra del islam: Ascensiones celestes e itinerarios espirituales* (1996) de Mohammad Ali Amir-Moezzi (coordinador), *Sufismo y taoísmo* (1983) de Toshihiko Izutsu, o *El islam y el grial* (1986) de Pierre Ponsoye. Un caso especial es el de Javad Nurbakhsh, con su *Simbolismo sufí* (2008), trabajo enciclopédico en varios volúmenes, como el del tema del vestido, en el volumen III, aparte de la edición de otras obras de consideración (en Editorial Nur), como *El Jazmín de los enamorados y El desvelamiento de los secretos*, de Rûzbehân, que sirve para revisar la visión misma de Corbin. Algunos son arabistas que han tocado el tema como una parte del mundo global árabe, como ocurre con Titus Burckhardt con sus obras *Esoterismo islámico* (1969), *La civilización hispanoárabe* (1970), *Símbolos* (1981), *Ensayos sobre el conocimiento sagrado* (1999), *Alquimia* (1972) o *Principios y métodos del arte sagrado* (1982), entre otros; o Frithjof Schuon con sus libros *Comprender el islam* o *Tras las huellas de la religión perenne*. En otros casos lo que tenemos son intérpretes, exégetas o traductores, que revalorizan algún autor u obra en particular o que actualizan ciertos aspectos de la tradición: como Mehdi Amin Razavi en su libro *Sorhavardí y la escuela de la iluminación* (1997) o el mismo Christian Jambet en su volumen *La lógica de los orientales. Henry Corbin y la ciencia de las formas* (1983), que valora su *mundus imaginalis* y sus búsquedas en el Oriente místico, por ejemplo. Todos ellos, de una forma u otra, han realizado una labor que siempre intenta dignificar la materia. Y con todo ello no se agota el tema. También están los estudios meritorios de

Luce López-Baralt en torno a *San Juan de la Cruz y el islam* (1985), sin olvidar otros como el de Claude Addas *Ibn ʾArabī o la búsqueda del azufre rojo* (1996), el de Pablo Beneito titulado *La taberna de las luces. Poesía sufí de Al-Ándalus y el Magreb* (2004), o el de William Chittick *La doctrina sufí de Rumi* (2008). Vemos en este mundo de publicaciones los radios en que se basa el círculo del sufismo.

De especial interés nos parecen, en nuestro ámbito hispano, las investigaciones recientes del islamólogo cántabro Halil Bárcena por su especial inmersión en el tema: no solo con su ensayismo y traducciones, sino también su relación con la música y danza sufíes, así como por su fundación del Instituto de Estudios Sufíes de Barcelona. En su monografía *Sufismo*, aparecida en catalán y luego en castellano, lleva a cabo una verdadera revisión del tema desde dentro, destacando el papel del silencio, la verdadera vivencia, y defendiendo incluso la experiencia *gustativa* del sufismo. Bárcena inserta esencialmente los poetas persas y los grandes maestros, y los distintos métodos, en una exposición clara, sin abandonar la terminología pertinente. Y ello, desde un concepto del sufismo vivo, no como algo histórico y muerto. Así, entiende que «actualmente el abanico de expresiones sufíes es amplio, tanto aquí como en el mundo islámico», y que «con todo, el paisaje es menos sombrío de lo que podría parecer».[28] En el mismo sentido va su traducción de Hallâj, *Dīwān*, que convierte en escritura viva al caligrafiar él mismo los textos y darles nueva vida, de momento en catalán. Toma así la antorcha de donde empezaron los grandes estudios del sufismo: Massignon. Y ello manteniendo cierta fidelidad al gran maestro, Henry

---

[28] Halil Bárcena, *Sufismo*, Fragmenta, Barcelona, 2008, p. 154.

Corbin. La doctrina de Corbin y el sufismo quedan así en buenas manos, aunque de él lo último que nos llegue sean estudios *sobre* Carl G. Jung.

Queremos acabar con el fragmento de un poema de Hallâj —adaptación de la versión catalana de Halil Bárcena— que resume un poco lo que hemos querido decir sobre el sufismo —el amor, la visión, el encuentro, la belleza, la interrelación, el no-dónde y el transporte— sin pasar por alto el del vacío, que lo acerca a nuestros místicos:

He visto a mi amado con el ojo del corazón.
«¿Quién eres?», le he preguntado; y él me ha respondido: «Tú».
Ante ti no hay espacio para ningún *dónde*
porque el *dónde* no existe en tratándose de ti.
Y la imaginación no puede forjarse ninguna imagen tuya
que le permita intuir dónde estás.
Tú que abarcas todos los lugares
y si no estás en ningún *dónde* ¿dónde te encuentras, entonces?
Me vacío de mí y de la misma vacuidad
y en la vacuidad de mi ser te encuentro y te veo.
Una vez borrado mi nombre y la silueta del cuerpo
me preguntas por mí y yo te respondo: «Tú».
Tanto te ha marcado mi ser más profundo.[29]

---

[29] ḤAL·LÃǦ, *Dīwãn*, edicion bilingüe árabe-catalán, traducción y caligrafía árabe de Halil Bárcena, Fragmenta, Barcelona, 2010, p. 187.

VII

JOSCELYN GODWIN:
LA RECEPCIÓN
DE LA ARMONÍA CÓSMICA

Protegido por su firme sensatez y erudición, Joscelyn
Godwin entra en aguas profundas y peligrosas y retorna
con sorprendentes novedades del inframundo.

JOHN MICHEL

De entre los autores esotéricos ligados actualmente a la
tradición hermética, destaca particularmente la figura de
J. Godwin y su labor como investigador y divulgador
de aspectos muy variados de esa tradición.

FEDERICO GONZÁLEZ

Otras líneas nos llevan hacia Italia y el mundo anglosajón:
Elémire Zolla y Joscelyn Godwin. Ambos tradujeron obras
de Schneider. [...] La relación entre Schneider y Godwin
tiene que ver sobre todo con sus traducciones al inglés.

BERNHARD BLEIBINGER

I PERFIL DE UNA MUSICOLOGÍA

UNA DE LAS FIGURAS claves del pensamiento simbólico en la
actualidad —desaparecidos ya los maestros Schneider, Cirlot
y Zolla, es decir, el núcleo central del *simbolismo del origen* o

Escuela de Schneider—[1] es la de Joscelyn Godwin. No es un simbólogo del mismo ritmo que Schneider, del que es uno de los grandes defensores, pero es, en muchos otros aspectos, parecido. Su propio sistema tiene mucho que ver con la noción de cosmogonía. Aunque el vocablo que mejor lo identifica es *armonía*, un término musical que define bien las tradiciones de Occidente desde que se introdujo en el siglo IX. Godwin parte de la idea de *cosmos*, de cosmogonía, de creación. Una cosmovisión que persigue un resultado armonioso que va impregnando cada uno de sus libros. Es el valedor de una tradición que viene del mundo antiguo, pasa por el griego y el latino, cruza por el medieval y el barroco y llega, un poco sumergida, a los tiempos actuales, siguiendo las pistas de una dimensión espiritual que tiene la música como protagonista. La música como arte generativa. Un mundo de armonías que adquiere dimensiones amplias, expansivas. Sus estudios se adentran, por ello, en los ámbitos de la tradición musical, la hermética, la del símbolo y del mito. Nacido en Kelmscott (Inglaterra) en 1945, donde se formó, pasó luego a Estados Unidos, a la edad de veintiún años, donde continuó su proyección y donde ejerce como profesor de la Universidad de Colgate. Musicólogo como Schneider, ha desarrollado, dentro del área de la musicología, en la cultura inglesa, una labor semejante a la de aquel en la germánica. Una labor muy meritoria. No solo por la recuperación y edición de textos antiguos, sino por sus creaciones y valoraciones, por su labor ensayística. Por ello, su obra, sugestiva, abundante, cuidada,

---

[1]   La denominación *Escuela de Schneider* es propia porque percibo cierto magisterio del autor alemán bajo el predominio del *simbolismo del origen,* una noción fundamental de *El Origen musical de los animales-símbolos.*

se ha ido vertiendo con regularidad al castellano, sobre todo
desde que en los años ochenta publicara sus dos bellas monografías sobre dos de los más grandes maestros de la tradición
perenne: Athanasius Kircher y Robert Fludd. Atento, ante
todo, a las tradiciones de música antigua, a las manifestaciones paganas y al esoterismo musical, sus textos y antologías
se han abierto paso entre los estudios musicológicos y simbólicos, siendo en la actualidad una de sus referencias. Destaca
especialmente por la atención prestada a la tradición pitagórica y a las líneas de pensamiento oriental que no desdicen de
las que siguió Marius Schneider, a quien cita con frecuencia
en lengua inglesa, así como Cirlot o Zolla lo citaron en la
lengua castellana y en la italiana.

Uno de los centros de gravedad de su pensamiento, como
músico y escritor, es, según hemos dicho, la noción de *armonía cósmica*, motivo al que ha dedicado obras señeras,
ya reconocibles por los títulos mismos, como *Armonías del
cielo y de la tierra* (1987) y *Armonía de las esferas* (2009).
La primera, en dos partes, es una exposición de los efectos
mágicos de la música y de la alquimia musical desde las épocas antiguas hasta las modernas. La segunda, fraccionada
en cinco partes, con varios capítulos, es un recorrido por los
grandes momentos de los tratados musicales, desde los griegos, recogiendo fragmentos y reflexiones de autores claves,
desde una perspectiva que relaciona música y cosmogonía.
Dos pequeñas obras maestras. A estos dos trabajos fundamentales se pueden añadir otros de la misma línea simbólica, como *La cadena áurea de Orfeo / El resurgimiento de la
música especulativa* (2009), que repasan la cultura musical
europea desde sus cimientos; textos estos a los que hay que
añadir otras obras de divulgación, también conocidas, como

las monografías sobre Kircher y Fludd; o los tratados sobre el *Mito solar* y sobre la desaparecida *Atlántida*. Además de otras incursiones en la tradición alquímica, hermética, onírica y mística. En todos ellos resalta su estilo expositivo e interpretativo, claro y sintético, exponente de su capacidad pedagógica y de su facilidad comunicativa. Godwin se acerca también al mundo de la composición de piezas musicales, como las *Suites*, a la vez que se ocupa de la traducción de autores cruciales de la tradición unánime, como René Guénon, Fabre d'Olivet, Johann Valentin, Francesco Colonna, Julius Evola, Hans Kayser o como el mismo Marius Schneider; traducciones que también dan pistas de los centros de gravedad en torno a los que gira su mundo.

2 LOS GRANDES MAESTROS

Las primeras obras de Godwin vertidas al castellano, como en el caso de Zolla, fueron dos monografías de tema idéntico: las de Robert Fludd (1574-1637) y Athanasius Kircher (1602-1680), autores de *Utriusque Cosmi Historia* (1617) y de *Musurgia universalis* (1650), consecutivamente. Ambos estudios aparecieron primero en inglés y en francés y más tarde en castellano a mediados de los ochenta, cuando su nombre era todavía una incógnita. Pero Godwin caló hondo en el mundo cultural y sus libros tuvieron buena recepción, hasta conseguir pronto el máximo reconocimiento. Las dos obras aparecieron en la misma editorial y las dos tienen, quizás por ello, la misma estructura y formato, donde se mezclan el lenguaje verbal y el icónico, la nota erudita y la pincelada divulgativa, lo que las hace muy sugestivas.

El libro sobre Fludd, con las figuras e ilustraciones pertinentes para una mejor comprensión, como el otro, resulta
particularmente atractivo, pese a la complejidad de los contenidos. Su título completo: *Robert Fludd. Claves para una
teología del universo*. La división es tripartita y ágil: Godwin
traza una semblanza del autor inglés, comenta su obra con
trazos rápidos y sugerentes, y recoge una importante bibliografía sobre el tema. Robert Fludd era una figura del Barroco,
testigo de una época irredenta, en que se fragmentaba la visión del mundo; y su objetivo fue encaminado, precisamente,
hacia lo contrario: recomponer y compendiar el universo; el
universo de los seres y el universo el hombre: el macrocosmos y el microcosmos. Por ello, esa insistencia en la imagen
del hombre circunscrito, imagen que tiene un largo recorrido
—Vitrubio (*De Architectura*), Leonardo, Fludd y Kircher—
expresando un sentido de la totalidad, de la proporción: *armonía mundi*. Aventurero, viajero, rebelde, interesado en mil
materias —música, astrología, geomancia, química y medicina (en la que se doctoró)—, Fludd tiene detrás la tradición del
Corpus hermeticum de Hermes Trismegisto, los *Emblemata*
de Alciato, los escritos de Paracelso; tiene al lado el mundo
de los rosacruces; y tendrá, detrás, a Kircher y a Carl G.
Jung. Un espíritu de la conjunción que hace pensar a Godwin que su filosofía es «de espíritu rosacruz, aunque él no
perteneciese a esa hermandad... si es que existió».[2] Dicho de
otra manera: «Robert Fludd es un eslabón más en la tradición del esoterismo cristiano que incluye figuras tan dispa-
res como Orígenes, Hildegard, Eckhart, Ficino, Boehme,

---

[2]   Joscelyn GODWIN, *Robert Fludd. Claves para una teología del universo*,
Swan, Madrid, 1987, p. 28.

Emerson y Steiner.»[3] Su gran obra: *Historia del macrocosmos y del microcosmos*, lo que sería una especie de enciclopedia de la época. El macrocosmos trataría del mundo externo, obra de Dios y del hombre; el microcosmos, del hombre y el conocimiento de sí. Para reforzarlos, se rodea de figuras con círculos y semicírculos. Godwin señala también otras nociones que fueron importantes para el autor, como la del logos solar, la tétrada pitagórica, el árbol sefirótico o el Gran Monocordio, con las que ilustra sus teorías. Las teorías de un autor clásico. Un barroco inglés. Un maestro.

El otro libro de Godwin de corte semejante no le queda a la zaga e incluso lo supera: es ya casi una obra de culto. Su título completo en castellano, *Athanasius Kircher. La búsqueda de un saber de la antigüedad* (1986), ligeramente diferente al de la edición francesa: *Athanasius Kircher. Un homme de la Renaissance a la Quête du Savoir Perdu* (1980), resulta también significativo. Y, como es habitual, se sirve de ese lenguaje directo, esencial, que evita cualquier barroquismo que pudiera oscurecer el sentido de la lectura, apuntalando, con títulos claros y subtítulos aclaratorios, los contenidos subyacentes. Así, bajo el rótulo «El último polígrafo renacentista», inicia el retrato de aquella figura que quería abarcar todos los saberes («Nada es más hermoso como conocer el Todo»,[4] decía Kircher), de un humanista de los de entonces, *rara avis* después del siglo XVII, cuando se sustituyó la idea de totalidad y unidad del mundo por la idea de especialidad y fragmentación. Godwin admira a Kircher, lo admira profundamente,

[3]   *Ibid.*, 44.
[4]   Citado en Joscelyn GODWIN, *Athanasius Kircher. La búsqueda de un saber de la antigüedad*, Swan, Madrid, 1986, p. 21.

pero no se deja cegar por él y advierte también sus quiebras
y quebrantos: un mundo mágico que él representaba y que se
estaba fracturando, mientras el autor quedaba como el testigo
de las fisuras del pensamiento en su época: ese abismo entre
nuevas y antiguas creencias. Por eso, se pregunta en qué categoría habría que incluirlo, si entre los anticipadores o entre los
supervivientes. ¿Es el gran enciclopedista musical de comienzos del Barroco, el padre de la geología o uno de los primeros
que escribieron sobre gérmenes?, ¿es un inventor, un traductor, un compilador, o es la fuente de un antiguo lenguaje
simbólico?: «Resulta difícil pensar en un espíritu más universal desde Leonardo da Vinci —escribe— [...]. Casi puede
parecer que Kircher nació demasiado tarde —o demasiado
pronto».[5] Para él, Kircher se encontraba entre dos luces, entre dos mundos: por un lado, buscaba la ciencia, el examen
de lo real e inmediato; por otro, creía en la astrología, en
la tradición hermética, en la Biblia, en sirenas y grifos. Por
un lado, perseguía una especie de saber universal (al que
aún no habrá renunciado Novalis dos siglos después); por
otro, erraba ciertos principios (como la interpretación de los
jeroglíficos egipcios). Pero ello no le resta valor. Y de pronto
surge también su comparación con Charles Fort, el creador
de la ufología, en el siglo XX, con *El libro de los condenados*,
un caso parecido, insólito —se documentaba, relacionaba
e interpretaba—: «Con su insaciable apetito por lo arcano
y misterioso, Kircher se asemeja a Charles Fort, que dedicó
toda su vida a recopilar informes sobre fenómenos insólitos inexplicables.»[6] Era el de Kircher un espíritu arriesgado,

[5]   *Ibid.*, p. 16.
[6]   *Ibid.*, p. 19.

aventurero, brillante; un jesuita sabio, que estuvo por encima de sus contemporáneos, un espíritu rebelde también, con una vida inquietante, con una obra grande: el padre de la simbología comparada. Sus escritos fundamentales, *Mundus subterraneus* y *Musurgia universalis*, son dos claves del simbolismo del universo que estarán en la base del pensamiento mismo de Marius Schneider y, lógicamente, de Juan-Eduardo Cirlot. No resulta extraño, pues, que en su misma época sor Juana Inés de la Cruz se apoyara en él al comienzo de su largo poema *Sueño*. O que Ignacio Gómez de Liaño, en nuestro tiempo, le dedicara su monumental *Athanasius Kircher. Itinerario del éxtasis o las imágenes de un saber universal* (2001), uno de los libros más bellos del mundo, sobre el escritor alemán. Una gran obra sobre un gran maestro. Godwin volvería a escribir de nuevo sobre Kircher, años más tarde: *Athanasius Kircher's theatre of the world* (2009). El teatro del mundo: parece calderoniano. Es barroco.

3   ARMONÍAS DEL COSMOS

Las siguientes publicaciones de Godwin en castellano aparecieron también formando un número par: fueron dos cuadernos de una colección de la Editorial Símbolos, que entonces publicaba en Guatemala y en España el ya desaparecido autor esotérico argentino Federico González: *Escuchando las armonías secretas* (Cuaderno, número 6) y *Alquimia musical* (Cuaderno, número 7), cuadernos que, en realidad, eran dos partes del volumen *Armonías del cielo y de la tierra* (Londres, 1987), libro que luego vería la luz en castellano poco más tarde con el subtítulo *La dimensión*

espiritual de la música desde la antigüedad a la vanguardia.
Las armonías del cielo y de la tierra (2000) es una obra fundamental que su autor considera «piedra angular de un proyecto sobre música especulativa»[7] que inició con su artículo
«Resurgimiento de música especulativa», leído en la Ame-
rican Musicological Society en noviembre de 1980, y que
continuó con la antología de ensayos *Cosmic music* (1987)
sobre Schneider, Haase y Lauer, y posteriormente con otro
artículo publicado en *Temenos* (números 4 y 5), titulado «La
cadena áurea de Orfeo», y con su antología *Música, misticis-*
mo y magia (1988). La obra *Armonías del cielo y de la tierra*
tiene, pues, su trascendencia dentro de la filosofía simbólica
y musical de su autor, y ocupa un lugar clave en su trayectoria. Se trata de un libro «que se mueve a través de los
sucesivos estratos de un universo que se puede denominar,
genéricamente, hermético».[8]

Así, bajo la denominación *Ascendiendo al Parnaso*, estudia la naturaleza de la música y sus efectos. Para ello, recurre a tres mitos, para él, ejemplares —el de Anfión, Orfeo
y Arión—, que le sirven para reflejar el fervor que se siente
por la música en diversas culturas. Esta trilogía había sido
habitual en tratados antiguos. Partir de los mitos, para Godwin, no es ninguna locura o quimera: todo el mundo debería
hacerlo, pues encierran una realidad profunda, una verdad
escondida. Empieza Godwin con el mito de Alción, relacionado con la piedra, algo no muy lejano en el fondo de
lo que defendía Schneider. Las piedras son música activa:

---

[7]   Joscelyn GODWIN, «Prólogo», en *Armonías del cielo y de la tierra. La*
dimensión espiritual de la música desde la antigüedad hasta la vanguardia,
Paidós, Barcelona, 2000, p. 11.

[8]   *Ibidem.*

las piedras cantan, las piedras actúan. De este modo, asocia grandes construcciones antiguas con el poder de la música y la canción. Así, la misma Gran Pirámide egipcia aparece construida, como señaló Cayce, «incitada mediante canciones y cánticos».[9] La música se convierte en un hecho vivo, en alma viviente, en una raíz vital. Ello explica también el milagro de la caída de las murallas de Jericó (Josué, 6), para muchos inexplicable: las murallas se desplomarían por el poder arrollador de la música, cuyas vibraciones harían temblar las piedras y vencer la firmeza de los muros. ¿Milagros de la alquimia del sonido? Entonces lo que parecía mágico tiene todo el viso de ser real. Por esta vía llega a su tesis fundamental, algo que le preocupaba también a Schneider:

> El mito de Anfión parece preservar el recuerdo de algo sobre lo que, al menos los ocultistas, están en general de acuerdo: la existencia en tiempos antiguos de fuerzas secretas que la humanidad actual ha perdido. La música, o por lo menos el sonido, parece haber tenido un papel en esto.[10]

Esa es la clave: la existencia de un saber perdido. Algo que trata de recuperar. Un saber en el que la música —el mundo del sonido— había tenido un papel fundamental. Una alquimia del sonido, de conciencia creadora, como la defendida por Schneider, el ritmo creador: «El sonido y el éter son así las primeras manifestaciones de la conciencia objetiva.»[11] El sonido es como una fuerza secreta del cosmos, donde todo

---

[9] Edgard CAYCE, citado por GODWIN, *Armonías del cielo y de la tierra*, p. 17.

[10] *Ibidem.*

[11] *Ibid.*, 20.

vibra: desde el animal a la piedra. Como si fuera una energía oculta, interna. Como el mundo analógico de Novalis.

A continuación se centra en la figura de Orfeo, el músico, el poeta, aquel cuya lira encanta las fieras con su poder. La magia del sonido, de nuevo: encantación o encandilamiento que afecta también al reino vegetal. Godwin ilustra su discurso recurriendo al mundo de Kircher (siglo XVII), estudioso de mundos musicales y del simbolismo animal; al mundo de Giovanni Battista (siglo XVI), que trataba de las propiedades terapéuticas de la música; al de Marius Schneider (siglo XX), que creó su sistema sobre la fuerza mágica de los instrumentos y el canto y sobre la danza y los elementos; al del poeta metafísico inglés George Herbert (siglo XVII), que en su poema «Easter» estableció ciertas conexiones analógicas entre la cruz y el sonido; y al de Dorothy Retallack (siglo XX), quien estableció diálogos entre el universo de las plantas y la música, obteniendo sugerentes resultados. Y todavía podría haber seguido con el mito de Orfeo en el canto de tantos poetas, desde el Barroco hasta el posromanticismo y desde el modernismo a las vanguardias y posvanguardias: Rilke o Cirlot, entre ellos. Por no hablar también de la pintura misma, donde el personaje contamina el paisaje, como ocurre en los cuadros de los prerrafaelitas y en los del modernista Alexandre de Riquer.

Así llega a su tercer mito, el de Arión, el encantador de delfines de Lesbos, ahora proyectado sobre el mundo subterráneo, que ilustra nuevamente con figuras de poetas (Novalis), con sus leyendas y simbólogos (Kircher), con su teoría de la vibración simpática, entre otros. Desarrolla entonces la teoría de un magnetismo universal —*sprit*— y de la vitalidad de los sonidos, evocando a ciertos autores (Fludd o Marsilio Ficino)

y ciertas obras (*El secreto de la flor de oro*). Para ello, retoma
la idea de la música como *arte imitativa* haciendo honor al
conocido dicho *similia similibus curantur* ('lo semejante cura
lo semejante'), y defiende una musicoterapia *individual* (con
alusiones al tarantismo, a las terapias con sonidos, a Schneider mismo o a las enseñanzas antroposóficas) y *colectiva*, con
su búsqueda de una armonía general a través de ceremonias
(con alusiones que van desde el *Li Chi* de Confucio y *La re-
pública* de Platón hasta los dramas musicales de Wagner y el
Misterium de Scriabin). Se trata de una defensa de la música
como arte benefactora de la humanidad: arte armonizadora.
Ese es el sentido de su teoría de la *especulación*. Arte especulativa y parte especulativa, de las relaciones internas entre lo
existente. «La música considerada en su parte especulativa es,
como determinaron los antiguos, el conocimiento del orden
de todas las cosas y la ciencia de las relaciones armoniosas del
universo»,[12] dice parafraseando a Fabre d'Olivet, cuya obra
El secreto saber de la música se encuentra entre las que tradujo.
Y concluye, tomando su teoría como bandera, para mostrar
la consistencia de su «música especulativa»:

> Por lo tanto, una nación que respete la música y haga de las leyes
> de la armonía la base de todas sus leyes, medidas y filosofía, esta-
> rá en consonancia con las cosas en su dimensión cósmica. Fue la
> observancia de estos principios, según Fabre, la que proporcionó
> a las civilizaciones de Egipto y China sus miles de años de esta-
> bilidad, que invitaba a comparar con el destino de Europa desde la
> muerte de Platón y el ideal pitagórico.[13]

---

[12] Antoine FABRE D'OLIVET, citado por GODWIN, *Armonías del cielo y
de la tierra*, p. 61.

[13] *Ibid.*, p. 62.

Esto en cuanto a los efectos de la música en los tres reinos —mineral, vegetal y animal— y a su papel individual y social en la vida humana. En lo que se refiere a las *armonías secretas*, la *alquimia musical* y el *flujo del tiempo*, otras nociones importantes, el tratamiento es otro, aunque esté dentro del mismo sistema. Escuchar las *armonías secretas*, por ejemplo, es como ascender peldaños de una escala, viajar en dirección vertical, hacia lo alto. Godwin realiza un viaje por distintas culturas, obras y épocas, empezando por el mundo céltico irlandés con sus personajes —hadas y elfos, silfos y ondinas—, sus paisajes anímicos —islas y melodías—, sus trayectos —no-dóndes, no-lugares. A continuación, elabora un gran tejido o cañamazo simbólico con retazos del imaginario universal: el mundo de los psicotrópicos, la alquimia de Paracelso o Jung, la tradición hermética de *Poimandres*, la órfica, la bíblica, la visionaria de Hildegarda de Bingen o Blake, la del monacato con su canto, la cabalística de Abulafia con sus letras e instrumentos, la sufí con el *samâ*, la hindú con sus mantras —*oh mani padmi hum*—, la musical con su maestros Wagner o Bach, la simbológica con sus sabios heterodoxos (si es que no todos lo son: Guénon, Steiner o Kircher), el pitagorismo, el platonismo, etc., sin rechazar ni siquiera la moderna narrativa de ficción: Tolkien, el autor de *El señor de los anillos*. ¿Por qué? Porque «en una época que no cree ni en el poder creativo del sonido ni en el cosmos musical, ideas como estas deben penetrar en la conciencia colectiva por la puerta trasera de la fantasía. Escrita ostensiblemente para niños.»[14] Todo un largo recorrido para rescatar un mundo tradicional que quiso liquidar el siglo XVII

[14] *Ibid.*, p. 108.

con su afán científico. Un mundo que se comenzó a fragmentar en la época de los *Caracteres* de La Bruyère, de las *Fábulas* de La Fontaine y los *Pensamientos* de Pascal: un mundo en astillas. La búsqueda de una tradición viva, que nos dice siempre lo mismo: lo que queda de la persona, la única parte inmortal es la Armonía, término que enfatiza la naturaleza de las esferas, como señala Godwin, refiriéndose al mundo del *Poimandres* de Hermes Trismegisto, texto griego base de la tradición hermética.

El ascenso a través de las *esferas planetarias* —otra idea conductora de su teoría musical— presupone también una iniciación a un mundo de conocimiento o gnosis. Oír la armonía de la música de las esferas o música celestial, las armonías secretas, no es más que eso: salvar el imaginario. Recordemos que uno de los poetas del postismo, contemporáneo de Cirlot, Eduardo Chicharro, que enlazaba con secretas teorías musicales (la noción de *euritmia* o relación armónica de los elementos, que tomó de Rudolf Steiner), llamó a su poesía completa, precisamente, *Música celestial*. Se trataba de eso también, del mundo mágico, el de los estados sobrenaturales, el de las experiencias oníricas, el del «lenguaje visible del alma», como lo llamaba Steiner, aquel que se quiso ocultar con la devaluación del ser humano y su microcosmos. Se trata de un mundo que no es un mundo, sino un no-mundo, un lugar que no es lugar, sino no-lugar, lo que los sufíes —Sorhavardî— en sus relatos de iniciación llamaban *Hûrkalyâ*, la tierra del alma. Un viaje iniciático: hacia dentro. El viaje interior. Donde la más bella melodía es una música que suena en el interior (la *soledad sonora*, la *música callada*, a la que se refería san Juan de la Cruz, la música del silencio). La de los pájaros que cantan sobre una *rama dorada*: en el *país de la juventud*. Una música sin oído, pero con acorde, una música vivificante, como la metáfora del sol músico o sol cantor, del sonido luz. Un mundo de imágenes. Oír música es, entonces, en sí mismo, un transporte. El canto otro. Música coloreada. Algo que vio Hildegarda de Bingen cuando escribe: «Luego vi el aire más lúcido, en el que oí… de modo maravilloso muchos tipos de músicos [...]. Y su sonido era como la voz de una multitud haciendo música en armonía.»[15]

Con el término *alquimia musical* —otro de los suyos— trata Godwin de resolver el tema de la transformación completa del individuo por medio de la audición. Hay personas incluso que dicen necesitar de la música para llevar una vida normal. La música es reguladora no solo del alma, sino de las funciones del cuerpo. Para Godwin, músico y musicólogo, es la Gran Obra, como en la alquimia. Algo que, aquí, se apoya en las nociones de redención y unión, en la habilidad y la memoria. En la memoria, porque Mnemosine es la diosa de las musas, aunque Apolo sea el dios de la belleza y la medida, de las artes. En la memoria, como rayo de luz proyectado: «Los compositores somos una proyección de lo infinito en lo finito»[16] (Grieg *dixit*). Por eso, rinde culto también aquí a Proust, el perseguidor del tiempo, cuyo *En busca del tiempo perdido* versa sobre la memoria, especialmente, sin dejar al margen su esoterismo musical. Pero lo importante es que establece tres niveles esenciales de inspiración artística y musical: el primero, *avatárico*, el más elevado, semejante

---

[15] En su libro *Scivias*, citado por GODWIN, *Armonías del cielo y de la tierra*, p. 99.
[16] Edvard GRIEG, citado en *ibid.*, p. 116.

al papel de las visiones; el segundo, que no diferenciaría el arte de la artesanía; y el tercero, que carece de inspiración y solo tiene ego creador. Paralelamente, de acuerdo con un diagrama de Fludd, se refiere a las tres regiones del ser humano: la del vientre, la del pecho y la de la cabeza, a las que asocia con el *ritmo fuerte*, la *música del corazón* y la *música del pensar*, en correspondencia con los elementos, los planetas y los ángeles. La *música del cuerpo* se basa en el ritmo, en la regularidad, en la constitución física, como puede verse en un ballet clásico; la *música del corazón* se basa en las emociones, tiene que ver con los anhelos, como se aprecia en una pieza de *blues*; la *música de la cabeza* se convierte en pensamientos y es propia del músico profesional. Lo ideal para Godwin es escuchar música reuniendo los tres niveles a la vez: se producirá así una experiencia *rica y gratificante*. La música despierta la armonía. Lo importante es armonizar, estar atento a la manifestación sonora del universo. El origen mismo del universo, según el Rig Veda provenía de un milagro sonoro: del sonido. Una buena manera de apreciarlo es abrir el corazón y la mente, estar atento, como quería el *Li Chi* chino, transformando el ego. Eso es la alquimia musical: transformación interna. Parece música celestial: lo es. Es una operación alquímica: «Seguir este camino de alquimia musical, entregándose repetidamente a la asimilación consciente de la condición de la música, es un paso hacia la armonía perfecta de la persona que ha transformado el ego plomizo en el puro oro del ser.»[17]

Con la idea de *la música y el flujo del tiempo* —otro concepto, aunque la música es siempre un arte temporal— trata

[17] *Ibid.*, p. 130.

ahora de la transformación de la música no solo sobre el individuo, sino sobre toda la especie en general, pero sobre todo en la civilización occidental en concreto. Para ello, parte de un postulado del hermetismo, «si se puede conocer a un hombre se pueden conocer a los demás», y trata la tradición alquímica según la cual el hombre es la *materia prima* que hay que modelar, transformar y mejorar.[18] Y a continuación traza la evolución musical de la Edad Media a la actualidad: desde la plegaria y el canto hasta los sonidos electrónicos y la nueva actuación sobre el oyente; desde la quietud a la aceleración, señalando también ciertas tendencias esotéricas actuales —como las de Scriabin (quizás en el *Misterium*) y Schönberg (en *Pierrot Lunar* y, tal vez, en *El estilo y la idea*)— y ciertos contagios budistas de la misma poesía experimental —John Cage (pero también, quizás, Juan Hidalgo y su zaj-zen: «chispacitos zen»)— como remansos de la armonía. Y todo ello, anhelando que la armonía pueda sonar sobre la tierra, como suena en el cielo.

4 LA CADENA ÁUREA Y LA MÚSICA ESPECULATIVA

A los textos anteriores sucedieron tres obras más, que continuaban con la antorcha del simbolismo musical: las tres, aparecidas en castellano en 2009. La primera era *La cadena áurea de Orfeo*, que junto con *El resurgimiento de la música especulativa*, el célebre artículo antes mencionado, se insertaba en el gran proyecto del autor: recuperar tradiciones del esoterismo musical que en Europa se estaban olvidando. La segunda era

---

[18] *Ibid.*, p. 131.

una gran antología de textos desde la Antigüedad, *Armonía de las esferas*. La tercera, un libro sobre *El mito Polar* a lo largo de la historia. *La cadena áurea de Orfeo* y *El resurgimiento de la música especulativa* aparecían en una colección dirigida por Ignacio Gómez de Liaño (el que ya dedicara su estudio a Kircher), y estaba en la misma línea que *Las armonías del cielo*, ya vistas, pero incidiendo en otros aspectos: no toda música es audible solamente por los sentidos, hay otra música detrás de ella.

La cadena áurea es, como señala, un «bosquejo de la rama musical de la tradición perenne desde la antigua Grecia hasta el siglo XIX»:[19] un estudio del esoterismo musical en Occidente que va desde Hermes y el pitagorismo, pasando por Platón y el *Sueño de Escipión* (de Cicerón), por el *Sobre la música* (de Boecio) y la tradición del sufismo (Sorhavardî, Ibn ʿArabí), y por los mundos, por mencionar algunos, de Dante, del *Zohar*, de Ficino, de Robert Fludd, de Kircher y de Novalis. A Godwin lo atraen, como a Zolla, estos grandes recorridos abarcadores, a través de diversas culturas. Especialmente interesante es la evocación del *samâ*, dentro del sufismo, y por lo mismo es sorprendente también la ausencia de Hildegarda de Bingen —autora de la *Sinfonía de la armonía de las revelaciones celestiales*— en esta *cadena*. Una cadena formada por muchos eslabones, distintos, pero que tienen algo en común: el culto a lo místico y a lo mágico, la música o el canto y sus símbolos. *El resurgimiento de la música especulativa* se refiere en otra parte a una forma de mirar el cosmos con ojo musical; y viceversa, mirar a la música desde una perspectiva cósmica o cosmogónica. Godwin se

---

[19] *Ibid.*, p. 11.

sirve de la imagen del escudo de Perseo acechando a Medusa: su protección depende de la lámina del espejo. Según el espejo, la imagen será borrosa o brillante y clara. Y esa diferencia depende también de nuestra educación, de nuestra percepción. La música *especulativa* es la que sirve de espejo y es como una mediación para comprender el mundo. Según el autor, Johannes Kepler y Robert Fludd fueron los últimos grandes músicos especulativos conocidos. Sin embargo, algunos nombres como Freiherr von Thimus, Ernest McClain, Marius Schneider y Rudolf Steiner, entre otros, son los nuevos representantes y figuras de una gran talla: con ellos resurge la música especulativa. Von Thimus, con su obra *El simbolismo armónico de la Antigüedad, I y II* (1869 y 1876) y las ideas de la reciprocidad y los conjuntos, y McClain, con *El mito de la invariación. Origen de los dioses, matemática y música desde el Rig Veda a Platón* (1976), parten de la esencia y raíz del pensamiento arcaico con su matemática musical. Marius Schneider, con su *Música primitiva*, que es el título de una de sus obras, y con su libro *El origen musical de los animales-símbolos* (1946), que trata de las místicas correspondencias y defiende la unidad de un universo mágico primitivo, lleno de relaciones: «La música es para él el estado original del universo.»[20] Schneider, en especial, es para Godwin, por ello, el autor de «uno de los trabajos más originales de no-ficción con los que se haya podido encontrar».[21] Y junto a ellos, Rudolf Steiner, otro autor interesante para él por sus escasas pero profundas reflexiones musicales, defiende el

[20] Joscelyn GODWIN, *La cadena áurea de Orfeo / El resurgimiento de la música especulativa*, Siruela, Madrid, 2009, p. 138.
[21] *Ibid.*, p. 132-133.

papel de la música como arte liberadora del espíritu, como lo hizo en *Euritmia, el lenguaje visible del alma*, donde escribe: «euritmia es justamente la manifestación más pura en lo visible del alma humana» y «euritmia es algo como la música misma».[22] Todos esos caminos llevan «más allá de los límites de la musicología convencional», afirma.[23] Y concluye: «Parece significativo que en el siglo XX se haya dado el resurgimiento de este tipo de música»,[24] esa que no tenía o no tiene cabida en ciertos proyectos mundanos.

El proyecto de Godwin sobre música especulativa continuaría también en sus antologías de ensayos: *Cosmic music* (1989) y *Armonía de las esferas* (2007).

5 ANTOLOGÍAS DEL RENACER

La idea de *resurgimiento* en *Cosmic music*, dice Godwin en el prólogo a *Armonías del cielo y de la tierra*, habla por sí sola. Se trata de una selección de textos de una trilogía de autores, más o menos actuales, del siglo XX, dentro de la cultura germánica: ensayos de Marius Schneider, Rudolf Haase y Hans Erhard Lauer. En *Cosmic music* (1989), tras una sucinta introducción general para presentar a cada autor —foto y texto biobliográfico—, aparecen las antologías de textos, breves pero ilustrativos. La de Schneider, en que se resalta su formación en Alemania, su período barcelonés y sus colaboraciones, se ilustra con textos sobre la naturaleza de la canción

---

[22] Rudolf STEINER, *Euritmia, el lenguaje visible del alma*, Asociación Rudolf Steiner, Barcelona, 1992, p. 23 y 54.

[23] GODWIN, *La cadena áurea de Orfeo*, p. 156.

[24] *Ibid.*, p. 122.

de oración y sobre el simbolismo en culturas foráneas. La de
Rudolf Haase, autor del que ya hablara en el *Resurgimiento de
la música primitiva*, como también habló de Schneider, insiste
en su formación, sus cargos y sus artículos, se representa con
textos sobre la armonía en la tradición sagrada y la armonía
del mundo. Mientras que la de Hans Erhard Lauer, que resalta su relación con la antroposofía de Steiner, se muestra, sobre
todo, con textos sobre la evolución en la meditación o los cambios tonales. *Cosmic music* resulta, así, una apuesta decidida,
valiosa y valiente, por la recuperación y permanencia de un
corpus representativo de las teorías defendidas por su autor: la
necesidad de la música como espejo y reflejo del cosmos.

Mayor envergadura aún tiene la otra antología, *Armonía de las esferas*, que recoge una selección de más de veinte
siglos de reflexiones musicales relacionadas con la armonía
del universo, acompañadas con las oportunas ilustraciones.
La obra, entendida ahora como una pentalogía, se ocupa de
cinco épocas bien diferentes: la Antigüedad, el Medievo, el
Renacimiento, el Barroco, y la Ilustración y el Romanticismo. En la primera sección podemos leer textos de Platón,
Plinio, Ptolomeo, Orfeo, Arístides o Boecio. Destacan aquí
los fragmentos de los tratados *Sobre la música* de Arístides
Quintiliano y *Los principios de la música* de Boecio, dos de los
tratados musicológicos más importantes de la Antigüedad.
En la segunda sección, medieval, resaltan tratados de música
árabe y judía, como los de Al-Hasan al-Katib o *El árbol de la
vida* de Isaac Ben Haim, aunque echamos de menos algo de
Hildegarda de Bingen, cuya obra musical y su sentido de la
unidad son hoy ya suficientemente conocidos. En la tercera
sección, el Renacimiento, destacan autores italianos, de to-
que platónico y pitagórico, como Ficino, con su *Carta sobre*

la música a Domenico Benivieni y Pico della Mirandola con sus *Catorce conclusiones pitagóricas*. En el Barroco resaltan, de nuevo, los dos grandes sabios, Robert Fludd y Athanasius Kircher, con textos de *Utriusque cosmi historia* y de *Musurgia universalis*, respectivamente. Mientras que en la época contemporánea, de la Ilustración y el Romanticismo, el rescate no es menos importante: sobre todo de algunos de los que ya habló en *El resurgimiento* o *Cosmic music*: Fabre d'Olivet, Albert von Thimus, Marius Schneider y Rudolf Haase. En el prólogo a la edición española comenta el sentido de «Armonía (o música) de las esferas»: es una expresión bastante común en poesía, literatura e incluso en música popular, pero cuyo significado real no es otro que «el alma del mundo dividiendo la substancia primordial en intervalos armónicos»; y señala igualmente que todos los autores recogidos comparten una idea fundamental que lleva directamente a la escuela pitagórica: hay «algo musical en el cosmos, hay algo cósmico en la música».[25] Idea fundamental de *Cosmic music*. Idea también que vuelve a justificar con *La Tabla de Esmeralda*: «Lo que está abajo es como lo que está arriba.»[26] Cielo, Tierra. Cosmos, mundo: universo ordenado. Luego, con una cita de Beethoven despacha cualquier otro enfoque: «La música es una revelación más elevada que cualquier sabiduría o filosofía.»[27] Pero la «introducción» no se limita a una mera presentación: el texto tiene toda la grandeza de un artículo especializado sobre el tema; le sirve para sintetizar

[25] Joscelyn GODWIN, «Prólogo», en *Armonía de las esferas*, Atalanta, Vilaür, 2009, p. 15.
[26] VV. AA, *La tabla de Esmeralda*, Mestas, Barcelona, 2011, p. 16.
[27] Ludwig VAN BEETHOVEN, citado por GODWIN, *Armonía de las esferas*, p. 18.

cuanto sabe, que es mucho. Todo se resume en dos palabras: armonía y cosmos, o en un sintagma: armonía cósmica, que no es poco.

6 EL COLOR DE LOS MITOS

No se queda todo ahí: su obra es mucho más extensa, tanto en creaciones originales como en traducciones y ediciones. Podemos encontrar, incluso, un perfil de las leyendas y los mitos. Y de eso va otro libro: *El mito Polar*. Como Zolla, no quiso dejar huérfanos otros nortes, aunque fueran controvertidos, y a ello fue: hacia «el arquetipo de los polos en la ciencia. El simbolismo y el ocultismo», como indica el subtítulo. No era un tema fácil, y mucho menos con todos los tabús que existen en torno a las mitologías del Polo y al mundo del Norte. Pero Godwin se encontró con él al tratar de la armonía de las esferas, donde también son frecuentes aspectos como la cosmología, la astronomía y la astrología, y decidió darnos su versión. Godwin parte de las leyendas de la edad de oro, antes del desplazamiento de los polos de la Tierra, que trajeron consigo el mito de la caída y la aparición de las estaciones. En ese momento comenta las teorías de Madame Blavatsky y Guénon sobre los hiperbóreos. A continuación indaga en la literatura sobre las patrias árticas y las mitologías del Norte, sobre las tierras ocultas de Agartha, Shambalha, el agujero del Polo y la Antártida, para pasar a vérselas con la simbología del Polo, el mundo boreal espiritual, y retornar, por último, al tema de la caída de la mítica edad de oro, debido a la inclinación. Una visión, pues, con estructura cíclica, pero que en su interior despliega una apabullante documentación, que implica a varias culturas: las clásicas, las medievales, las modernas y las orientales; a distintas autoridades dentro del simbolismo y del imaginario: Guénon, Corbin, Kircher, Tolkien, Boccaccio, Polifilo, Evola, Dante, Julio Verne, Blavatsky, Poe, Lovecraft y Charles Fort; a distintos mitos o tópicos: el de las cuatro edades, el de la Arcadia, el de la Atlántida y el de Mitra. Todo ello en el estilo que lo caracteriza, fruto de su saber comunicar y de una inteligente metodología personal. Un libro distinto, curioso y entretenido, donde, como se ha dicho, lo fascinante se encuentra en su manera de sumergirse en uno de los subterráneos de nuestra civilización. El tema del Polo, no obstante, no era un capricho solitario de Godwin; otros autores, como Michel Onfray desde otra óptica (*Estética del Polo Norte*) o yo mismo desde una poética (*Á má zú lat*), lo hemos abordado en nuestras obras.

Otros muchos libros ha escrito Joscelyn Godwin, y en varios de ellos el motivo central es la búsqueda, la musicología y la persistencia en unos mismos temas. Basta ver los títulos: *Mystery religions in the ancient world* (1981), *The theosophical enlightenment* (1994), *Music and the occult* (1995), *The pagan dream of the Renaissance* (2002) y *The golden thread* (2007). Pero lo importante es la recepción que da en sus obras a la cosmología musical y su simbolismo: a las armonías.

GLOSARIO

'âlam al-mithâl: *Mundus imaginalis* —mundo imaginal— en el sufismo, espacio de las ciudades visionarias, místicas, donde el tiempo
es reversible.

andrógino: símbolo de la conjunción o acercamiento a la unidad,
equivalente del yin-yang, principios masculino y femenino.

armonía: término musical, básico en el mundo de Godwin, asociado con su idea de la música como espejo del universo, música
especular.

arquetipo: noción junguiana sobre las imágenes universales conser-
vadas en el inconsciente colectivo; es frecuente también en Elémire Zolla para identificar símbolos como el andrógino.

asociación libre: método onírico de Freud, discutido por Jung, que,
en este punto, se aleja de él.

bâtin: término esotérico, frecuente en los estudios de Corbin, que
significa lo interior, oculto, simbólico, al que se ha de intentar ir,
y que se opone a *zâhir*, lo externo, inmediato.

Bronwyn: mito poético de Cirlot, tomado del film *El señor de
la guerra*, equivalente del *anima* junguiana, la *daêna* sufí y la
shekhinah cabalística.

cábala: mística hebraica, con el significado de Tradición, en relación
con las cosas divinas, que tiene varias líneas, entre ellas la de la
luz y la del sonido.

coincidentia oppositorum: noción ya usada por Nicolás de Cusa en el
siglo XV, en su *Docta ignorancia*, para expresar la idea de la conciliación de contrarios más allá de una separadora racionalidad.

correspondencias: teoría analógica usada por los simbólogos Schneider y Zolla, según la cual los distintos elementos del universo se hallan relacionados como una red, y forman una gran unidad.

daêna: imagen de la *partenaire* celeste en la angelología de la cultura antiguo-irania. Término frecuente en la simbología de Corbin.

debecut: término cabalístico, frecuente en autores como Abulafia y, en consecuencia, en Moshe Idel, para referirse a la *unio mistica*.

dhikr: noción sufí que hace referencia a una práctica, individual o colectiva, basada en la invocación y entrega al Nombre.

dillug o salto: método cabalístico usado, entre otros, por Abulafia, que genera hallazgos mediante asociaciones según determinadas reglas.

ensoñación: poética bachelardiana del sueño diurno, o ensueño, presente en su simbolismo de los elementos.

estructuras: término antropológico usado por Gilbert Durand en la construcción de su imaginario, al que divide en régimen nocturno y régimen diurno.

estupor infantil: imagen creada por Elémire Zolla al referirse a un mundo no contaminado por el pensamiento racional.

fieles de amor: noción usada por Rûzbehân y otros místicos para celebrar la religión del amor y de la belleza, que reúne el amor, el amado y el amante en una unidad indescriptible.

gematría: método o guía cabalística de interpretación de las palabras basada esencialmente en su valor numérico.

Gemelos: imagen de la doble faz, parte oscura y clara del ser, en los sistemas simbólicos de Schneider y Cirlot.

Géminis: paisaje simbólico, visionario, antropomórfico de Schneider, en el que proyecta su sistema simbólico de correspondencias.

Gólem: en el imaginario hebreo, figura de un antropoide animado, informe, creado de barro u otro material, con artes mágicas.

imagen: del latín *imago*, representación de un objeto, ser o persona, real o no, para darle una entidad formal o con sentido simbólico.

imagen ignota: término cirlotiano, elaborado siguiendo distintas fuentes, que se refiere a una realidad otra, incomprensible, reflejo de algo desconocido.

inconsciente colectivo: noción junguiana que se refiere al fondo común o sustrato simbólico de la humanidad contenido en la psique.

Lilith: primera esposa de Adán, rebelde y esquiva, recogida en la cábala como la luna negra, que fue sustituida por Eva.

mito: palabra de origen griego, μῦθος (*mythos*), con el sentido de relato extraordinario y simbólico, que guarda un fondo oculto, iniciático.

mundus imaginalis: término central en el sufismo iraní estudiado por Corbin, relacionado con la realidad trascendental invisible; un mundo espiritual de símbolos.

nâ-kojâ-âbâd: o país del no-dónde, el del Octavo Clima en el sufismo, es decir, la idea de mundo intermedio o tierra de las visiones.

notarikón: uno de los métodos combinatorios de Abulafia, especie de sigla o acrónimo, donde se encierra un sentido secreto con las letras iniciales o finales de una serie de palabras.

principio de identificación suficiente: noción utilizada por Juan-Eduardo Cirlot en el prólogo de su *Diccionario de símbolos* para hablar de elementos de una misma línea simbólica.

puentes verticales: noción de Schneider y Cirlot para nombrar el tipo de relación no ordinaria que se establece entre los seres y las cosas, frente a la vía común u horizontal.

ritmo: del griego ῥυθμός (*rhythmós*), sucesión de sonidos con un movimiento medido y ordenado en intervalos, donde contrastan distintas intensidades.

ritmo común: noción central de la etnología musical de Schneider, con cada uno de los radios que afectan a elementos comunes en un sistema de símbolos y relaciones.

río de la juventud: en la geografía visionaria del mito de Géminis de Schneider, es el río equivalente a *re*, símbolo del renacer.

río del olvido: dentro del simbolismo musical de Schneider de Géminis, es el río correspondiente a *si-fa*, relacionado con el morir.

sakina: equivalente sufí de la *shekhinah* cabalística.

salida del mundo: noción de Elémire Zolla para reforzar su idea de búsqueda o retorno al principio, al origen.

samâ: concierto espiritual sufí que reúne música, letra y danza, con imágenes giratorias que conducen a profundos estados interiores.

Shaykh al-Ishrâq: nombre o atribución que se da al místico iraní Sorhavardî como conocedor del mundo de la luz auroral del antiguo Irán.

shekhinah: término cabalístico para una de las diez *sefirot* del árbol de la vida (la décima *sefira*), identificada con la imagen femenina de Dios.

simbolismo del color: cromatismo de los estados místicos, especialmente importante en varios autores del sufismo iraní, estudiado por Corbin.

simbolismo del nivel: noción en la que insisten Cirlot y otros simbólogos para mantener una escalera de significados que va de lo superior a lo inferior.

simbolismo fonético: noción fundamental para Cirlot, ahora recogida en el *Diccionario de símbolos*, sobre valor simbólico de las letras de un nombre, o del Nombre; por ejemplo: *B,r,o,n,w,y,n*.

símbolo: originalmente σύμβολον (*symbolon*), elemento conciliador; relación analógica de los seres y las cosas.

simbología: ciencia que estudia los símbolos, especialmente los tradicionales, los de la tradición unánime, los símbolos de lo sagrado.

sofiología, sofianidad: términos correspondientes a la noción de Sophia, la Sabiduría, de acuerdo con una larga tradición, que tiene en Gichtel, discípulo de Böhme, a uno de sus representantes.

son: sonido melodioso, grato.

sonido: del latín *sonitus*, elemento físico producido por algún fenómeno, generador de ondas, mediante vibración, roce, repiqueteo u otro medio.

sonido generatriz: concepción de Marius Schneider procedente de las teorías hindúes sobre el sonido creador.

tarantela: baile medicinal o terapéutico y simbólico relacionado con la tarántula, presente en el sur de Italia y en el este de Aragón.

ta'wîl: término sufí que significa reconducir algo a su origen, a la verdad.

temurá: uno de los métodos de la cábala junto con la *gematría* y el *notarikón*, especie de permutación que consiste en combinar sílabas para formar palabras nuevas.

tetragrámmaton o Tetragrama: en la mística hebrea, las cuatro letras relativas al Nombre de Yavhé, Dios: Y.H.V.H.

tremendum et fascinans: términos usados por Rudolf Otto en su libro *Das Heilige* (traducido en castellano por *Lo santo*) y por Corbin en los suyos al revisar la teoría de la belleza de Rûzbehân; lo sagrado como suma de belleza, majestad y terror.

tselem: vocablo hebreo que significa imagen, en evocación de Génesis 1, 27, que dice que el hombre fue creado a imagen de Dios.

tseruf: ciencia de la combinación de letras con fines oratorios y místicos, usada, entre otros, por Abulafia, como guía metódica.

yoga: término sánscrito de unificación que se refiere a un conjunto de técnicas, entre ellas, la respiración, los ejercicios y la concentración, para conseguir un estado de plenitud interior.

BIBLIOGRAFÍA ESENCIAL

OBRAS GENERALES

ALLEAU, René, *La science des symboles*, Payot, París, 1976.

Anthropos, núm. 153 (febrero, 1994), número especial, «El Círculo de Eranos. Una hermenéutica simbólica del sentido».

BEIGBEDER, Olivier, *La simbología*, Oikos-Tau, Barcelona, 1970.

DECHARNEUX, Baudouin / Luc Nefontaine, *Le symbole*, Presses Universitaires de France, París, 1998.

ELIADE, Mircea, *Tratado de historia de las religiones*, Biblioteca Era, México, 1986.

—, *Historia de las creencias y de las ideas religiosas*, vol. I-III, Paidós, Barcelona, 2014-2015.

—, *Historia de las creencias y de las ideas religiosas*, vol. IV, Herder, Barcelona, 1996.

Enciclopedia Labor, vol. VII, «La literatura / La música», Labor, Barcelona, 1957.

FRAZER, James George, *La rama dorada*, Fondo de Cultura Económica, México, 1991.

GUÉNON, René, *Símbolos fundamentales de la ciencia sagrada*, Universidad de Buenos Aires, Buenos Aires, 1988.

LURKER, Manfred, *El mensaje de los símbolos. Mitos, culturas y religiones*, Herder, Barcelona, 1992.

PARRA, Jaime D., *La simbología. Grandes figuras de la ciencia de los símbolos*, Montesinos, Barcelona, 2001.

PRAT, Montse, *El meu viatge*, Insòlit, Barcelona, 2016.

ROLAND-MANUEL (editor), *Histoire de la musique,* Gallimard, París, 1960.

ORTIZ-OSÉS, Andrés / Patxi Lanceros, *Claves de hermenéutica,* Universidad de Deusto, Bilbao, 2004.

OTTO, Rudolf, *Lo santo,* Alianza, Madrid, 1991.

PANIKKAR, Raimon, *Mite, símbol, culte,* Fragmenta, Barcelona, 2009.

ZOLLA, Elémire, «Simbología», en *Enciclopedia del Novecento Treccani,* vol. VII, Roma, 1984.

OBRAS DE REFERENCIA

ASÍN PALACIOS, Miguel, *El islam cristianizado. Un estudio del sufismo a través de las obras de Abenarabi de Murcia,* Hiperión, Madrid, 1981.

BACHELARD, Gaston, *La poética del espacio,* Fondo de Cultura Económica, México, 1995.

BLAKE, William, *Libros proféticos,* vol. I y II, Atalanta, Vilaür, 2014.

BOUSO, Raquel, *Zen,* Fragmenta, Barcelona, 2012.

BURCKHARDT, Titus, *Ensayos sobre el conocimiento sagrado,* José J. de Olañeta, Palma, 1999.

COOMARASWAMY, Ananda Kentish, *Il grande brivido. Saggi di simbolica e arte,* Adelphi, Milán, 1987.

Corpus hermeticum y Asclepio, edición de Brian P. Copenhaver, traducido por Jaume Pòrtulas y Cristina Serna, Siruela, Madrid, 2000.

DURING, Jean, *Musique et extase. L'audition mystique dans la tradition soufie,* Albin Michel, París, 1988.

EVOLA, Julius, *La tradición hermética,* Martínez Roca, Barcelona, 1975.

GÓMEZ DE LIAÑO, Ignacio, *Athanasius Kircher. Itinerario del éxtasis o las imágenes de un saber universal,* Siruela, Madrid, 2001.

JUNG, Carl Gustav, *Símbolos de transformación,* Paidós, Barcelona, 1990.

KERÉNYI, Carl, *Dionisos. Archetypal image of indestructible life*, Princeton University Press, Princeton, Nueva Jersey, 1996.

LAO ZI, *El libro del Tao*, Alfaguara, Madrid, 1981.

Libro de la Creación, traducción y edición de Manuel Forcano, Fragmenta, Barcelona, 2013.

MAIMÓNIDES, *Guía de perplejos*, edición de David Gonzalo Maeso, Editora Nacional, Madrid, 1983.

MARKALE, Jean, *Druidas*, Taurus, Madrid, 1989.

MASSIGNON, Louis, *La pasión de Hallâj*, Paidós, Barcelona, 2000.

Mistica ebraica, Einaudi, Turín, 1995.

Rosa Cúbica, núm. 9-10 (primavera, 1993), Monográfico, «La Tradición».

Upanisads, prólogo de Raimon Panikkar, edición y traducción de Daniel de Palma, Siruela, Madrid, 1995.

WUNENBURGER, Jean-Jacques, «Préface», en Gilbert DURAND, *Les estructures anthropologiques de l'imaginaire. Introduction à l'arquetipologie générale,* Dunod, París, 2016, p. I-XXV.

ZIMMER, Heinrich, *Mitos y símbolos de la India*, Siruela, Madrid, 1995.

DICCIONARIOS

BIEDERMANN, Hans, *Diccionario de símbolos*, Paidós, Barcelona, 1993.

BONNEFOY, Yves, *Diccionario de mitologías*, Planeta, Barcelona, 2010.

BRANSTON, Brian, *Mitología germánica ilustrada*, Labor, Barcelona, 1960.

CHEVALIER, Jean / Alain GHEERBRANT, *Diccionario de símbolos,* Herder, Barcelona, 1999.

CIRLOT, Juan Eduardo, *Diccionario de símbolos*, epílogo de Victoria Cirlot, Siruela, Madrid, 1997.

ELIADE, Mircea / Ioan P. COULIANO, *Diccionario de las religiones,* Paidós, Barcelona, 2016[3] reimpresión.

Encyclopédie des symboles, Le Livre de Poche, París, 1996.

GRIMAL, Pierre, *Diccionario de mitología griega y romana*, Paidós, Barcelona, 1984.

—, *Mitologías de las estepas, de los bosques y de las islas*, Planeta, Barcelona, 1966a.

—, *Mitologías del Mediterráneo al Ganges*, Planeta, Barcelona, 1966b.

GUIRAND, Félix, *Mitología general*, Labor, Barcelona, 1960.

MIRET MAGDALENA, Enrique, *Diccionario de las religiones*, vol. I-II, Espasa-Calpe, Madrid, 1998.

NELLY, René, *Diccionario del catarismo y las herejías meridionales*, José J. de Olañeta, Palma de Mallorca, 1997.

ORTIZ-OSÉS, Andrés / Patxi LANCEROS, *Diccionario de hermenéutica*, Universidad de Deusto, Bilbao, 2004.

SCHOLES, Percy Alfred, *Diccionario Oxford de la Música*, Sudamericana, Buenos Aires, 1960.

MARIUS SCHNEIDER

SCHNEIDER, Marius, *Die Ars Nova des XIV. Jahrhunderts in Frankreich und Italien*, Postdam, Berlín, 1930.

—, *Geschichte der Mehrstimmigkeit. Historische und Phanomenologische*, Julius Bard, Berlín, 1934.

—, *Il significato della musica,* Rusconi Libri, Milán, 1970.

—, *Le chant des pierres*, Arché, Milán, 1976.

—, *La musica primitiva*, Adelphi, Milán, 1992.

—, *El origen musical de los animales símbolos*, Siruela, Madrid, 1998, reedición.

—, *La danza de espadas y la tarantela*, presentación de Manuela Adamo, estudio de Jaime D. Parra, Fundación Fernando el Católico, Zaragoza, 2016.

BLEIBINGER, Bernhard, *Marius Schneider und der Simbolismo*, VASA, Múnich, 2005.

—, «Etnología simbólica. Marius Schneider», en Andrés ORTIZ-OSÉS / Patxi LANCEROS, *Claves de hermenéutica*, Universidad de Deusto, Bilbao 2005, p. 134-142.

—, The «Capital-gobbler» - *Marius Schneider and the Singing Stones in St. Cugat, Gerona and Ripoll*, Vilamarins, La Plaquetona, Barcelona, 2015.

CIRLOT, Juan-Eduardo, «La simbología de Marius Schneider», *La Vanguardia* (14 de marzo de 1969).

CIRLOT, Victoria, «Notas sobre M. Schneider y J. E. Cirlot», *Rosa Cúbica*, núm. 9-10-11 (primavera 1993), p. 93-98.

COLIMBERTI, Antonello, «Marius Schneider come pionere della filosofia interculturale della música», en *Convegno su Marius Schneider. Musica, Arte e Conoscenza*, Roma, abril 2017.

GODWIN, Joscelyn, *Cosmic music. Musical keys to the interpretation of reality, Inner Tradition*, Rochester, Vermont, 1989.

MARCHIANÒ, Grazia, «L'Origine, il tempo, il ritmo, il rito negli scritti di Marius Schneider», en *Convegno su Marius Schneider. Musica, Arte e Conoscenza*, Roma, abril 2017.

PARRA, Jaime D., «Cirlot y Schneider», *Anuari de Filologia*, vol. XXI, núm. 9 (1998-1999). Artículo incluido en Jaime D. PARRA, *Variaciones sobre Juan Eduardo Cirlot. El poeta y sus símbolos,* Bronce, Barcelona, 2001.

PRAT, Montserrat, *Del caos al microcosmos. Gilbert Durand, Marius Schneider, Juan-Eduardo Cirlot*, catálogo, Biblioteca de Catalunya, Barcelona, 2014.

ROMEU I FIGUERAS, Josep, *El mito de «El Comte Arnau» en la canción popular, la tradición legendaria y la literatura*, Consejo Superior de Investigaciones Científicas, Barcelona, 1948.

WIKIWAND, «Marius Schneider», http://www.wikiwand.com/de/ Marius_Schneider.

ZOLLA, Elémire, «El simbolismo musical de Schneider», en Jaime D. PARRA, *La simbología. Grandes figuras de la ciencia de los símbolos*, Montesinos, Barcelona, 2001.

JUAN-EDUARDO CIRLOT

CIRLOT, Juan-Eduardo, «Hacia una ciencia de los símbolos», *Sumario de Estudios y Actividades* (2.º y 3.º trimestres), núm. 22 (Barcelona, 1952).

—, *Bronwyn.* «Simbolismo de un argumento cinematográfico», *Cuadernos Hispanoamericanos*, núm. 247 (Madrid, 1970), p. 1-21.

—, *El ojo en la mitología. Su simbolismo*, Libertarias, Madrid, 1992.

—, *Confidencias literarias*, edición de Victoria Cirlot, Huerga y Fierro, Madrid, 1996.

—, *Bronwyn*, edición de Victoria Cirlot, Siruela, Madrid, 2001.

—, *En la llama*, edición de Enrique Granell, Siruela, Madrid, 2005.

—, *Del no mundo*, edición de Clara Janés, Siruela, Madrid, 2008.

—, *El peor de los dragones*, edición de Elena Medel, Siruela, Madrid, 2016.

❧

ALLEGRA, Giovanni, «I simboli ermetici nella poesia permutatoria di Juan-Eduardo Cirlot», *Annali dell'Istituto Universitario Orientale*, Sezione Romanza (Nápoles, 1977), p. 5-42.

BENEYTO Antonio / Jaime D. PARRA, «Cirlot y el no dónde» (Primera antología crítica), *Barcarola*, núm. 53 (junio 1997), p. 49-191.

CIRLOT, Victoria, «Juan Eduardo Cirlot y la simbología», *Barcarola*, núm. 53 (junio 1997), p. 87-92.

—, *Cirlot en Vallcarca*, Alpha Decay, Barcelona, 2008.

GRANELL Enrique / Enmanuel GUIGON, *Mundo de Juan-Eduardo Cirlot*, Instituto Valenciano de Arte Moderno / Generalitat Valenciana, Valencia, 1996.

JANÉS, Clara, *Cirlot, el no mundo y la poesía imaginal*, Huerga y Fierro, Madrid, 1996.

—, «Cirlot y el mundo de los símbolos», en Jaime D. PARRA, *La simbología. Grandes figuras de la ciencia de los símbolos,* Montesinos, Barcelona, 2001.

Morelli, Gabriele, *Trent'anni di avanguardia spagnola. Da Ramón Gómez de la Serna a Juan-Eduardo Cirlot*, Jaca Book, Milán, 1987.

Parra, Jaime D., *El poeta y sus símbolos. Variaciones sobre Juan-Eduardo Cirlot*, El Bronce, Barcelona, 2001.

Rivero, Antonio, *Cirlot. Ser y no ser de un poeta único*, Fundación José Manuel Lara, Sevilla, 2016.

ELÉMIRE ZOLLA

Zolla, Elémire, *Antropología negativa*, Sur, 1960.

—, *Los arquetipos*, Monte Ávila, Caracas, 1984.

—, *Androginia. La fusión de los sexos*, ilustrado con láminas, Debate, Madrid, 1990.

—, *Uscite dal mondo*, Adelphi, Milán, 1992.

—, *Lo stupore infantile*, Adelphi, Milán, 1994.

—, *La amante invisible*, Paidós, Barcelona, 1994.

—, *Auras*, Paidós, Barcelona, 1994.

—, *Las tres vías*, Paidós, Barcelona, 1997.

—, *Los místicos de Occidente*, vol. I-IV, Paidós, Barcelona, 2000.

—, *¿Qué es la tradición?*, traducción de Julià de Jòdar, Paidós, Barcelona, 2003.

—, *Introducción a la alquimia,* Paidós, Barcelona, 2003.

☙

Arc Voltaic, Destino, Barcelona, 1992.

Conoscenza Religiosa (1969-1983), a cargo de Grazia Marchianò, Storia e Letteratura, Roma, 2006.

Couliano, Ioan Petru, «Revelación y creación. Notas en torno a un libro de Elémire Zolla», en *Arc Voltaic*, núm. 19 (enero de 1992).

Gómez Oliver, Valentí, «Entrevista a Elémire Zolla», *La Vanguardia* (10 de noviembre del 2000).

—, «Elémire Zolla: evviva», en Jaime D. Parra, *La simbología. Gran-*

des figuras de la ciencia de los símbolos, Montesinos, Barcelona, 2001, p. 173-176.

MARCHIANÒ, Grazia, «Retrato de Elémire Zolla», *Arc Voltaic*, núm. 19 (enero de 1992).

ZOLLA Elémire / Dario FASOLI, *Un destino Itinerante*, Marsilio, Venecia, 1995.

GERSHOM SCHOLEM / MOSHE IDEL

SCHOLEM, Gershom, *La mystique juive. Les thèmes fondamentaux*, Cerf, París, 1985.

—, *Le nom et les symboles de Dieu dans la mystique juive*, Cerf, París, 1988.

—, *La cábala y su simbolismo*, Siglo XXI, Madrid, 1989.

—, *Las grandes tendencias de la mística judía*, Fondo de Cultura Económica, Buenos Aires, 1993. Reedición: Siruela, Madrid, 1996.

—, *Grandes temas y personalidades de la Cábala*, Riopiedras, Barcelona, 1994.

—, *Desarrollo histórico e ideas básicas de la cábala*, Riopiedras, Barcelona, 1994.

—, *Conceptos básicos del judaísmo. Dios, Creación, Revelación, Tradición, Salvación*, Trotta, Madrid, 1998.

—, *Los orígenes de la cábala*, vol. I y II, *La cábala en Provenza y Gerona*, Paidós, Barcelona 2001.

—, *Lenguajes y cábala*, Siruela, Madrid, 2006.

❧

BENJAMIN, Walter / Gershom SCHOLEM, *Correspondencia* 1933-1940, Taurus, Madrid 1987.

GERSHOM, Scholem / Jorg DREWS, «... *todo es cábala*», Trotta, Madrid, 2001.

IDEL, Moshe, *Studies in Ecstatic Kabbalah*, State University of New York Press, Albany, 1988.

—, *L'expérience mystique d'Abraham Aboulafia*, Cerf, París, 1989.

—, *Language, Torah, and Hermeneutics in Abraham Abulafia*, State University of New York Press, Nueva York, 1989.

—, *Golem. Jewish Magical and Mystical Traditions on the Artificial Anthopoid*, State University of Nueva York Press, New York, 1990.

—, *Maïmonide et la mystique juive*, Cerf, París, 1991.

—, *Cabala ed erotismo*, Mimesis, Milán, 1993.

—, *Mesianismo y misticismo,* Riopiedras, Barcelona, 1994

—, *Cábala. Nuevas perspectivas*, Siruela, Madrid, 2005.

—, *Estudios sobre la cábala en Cataluña*, Alpha-Decay, Barcelona, 2016.

ABULAFIA, Abraham: *L'Epitre des sept voies*, Éclat, París, 1995.

—, «Seva Netivot ha-Torah / I sette sentieri della Torah», en *Mística ebraica*, Einaudi, Turín, 1995.

BLOOM, Harold, *La cábala y la crítica*, Monte Ávila, Caracas, 1992.

BRATSLAV, Nahman de, *Contes cabalístics*, Fragmenta, Barcelona, 2016.

CIRLOT, Juan-Eduardo, *El palacio de plata,* Imprenta Juvenil, Barcelona, 1955.

FORCANO, Manuel, *Els jueus catalans*, Angle, Barcelona, 2014.

GOETSCHEL, Roland, *La kabbale,* Presses Universitaires de France, París, 1989.

PARRA, Jaime D., «Cirlot y Abulafia. El cabalismo catalano-aragonés y los orígenes de la poesía experimental española», en *El Bosque*, núm. 12 (marzo, 1996), p. 5-14.

VALENTE, José Ángel, *Obras completas,* vol. II, Ensayos, Galaxia Gutenberg / Círculo de Lectores, Barcelona, 2008a.

—, *Poesía completa*, Galaxia Gutenberg / Círculo de Lectores, Barcelona, 2008b.

HENRY CORBIN

CORBIN, Henry, *En Islam iranien*, vol. I-IV, Gallimard, París, 1971-1972.

—, *L'Archange empourpré / Sorhavardî*, edición de Henry Corbin, Fayard, París, 1976.

—, *Cuerpo espiritual y Tierra celeste. Del Irán mazdeísta al Irán chiita*, Siruela, Madrid, 1986.

—, Rûzbehân, *Le Jasmin des fidèles d'amour*, edición de Henry Corbin, Verdier, París, 1991.

—, *La imaginación creadora en el sufismo de Ibn 'Arabî*, Destino, Barcelona, 1993.

—, *El hombre y su ángel. Iniciación y caballería espiritual*, Destino, Barcelona, 1995.

—, *Avicena y el relato visionario*, Paidós, Barcelona, 1995.

—, *El hombre de luz en el sufismo iranio*, Siruela, Madrid, 2000.

—, *Tiempo cíclico y gnosis ismailí*, Biblioteca Nueva, Madrid, 2003.

—, *Templo y contemplación*, Trotta, Madrid, 2003.

❧

Antón Pacheco, José Antonio, «Henriy Corbin y la categoría de la mediación», en Jaime D. Parra, *La simbología. Grandes figuras de la ciencia de los símbolos*, Montesinos, Barcelona, 2001.

Bárcena, Halil, *Sufismo*, Fragmenta, Barcelona, 2008.

Carmona González, Alfonso (editor), *Los dos horizontes (Textos sobre Al'Arabî)*, Editora Regional de Murcia, Murcia 1992.

Durand, Gilbert, «Hommage à Henry Corbin», «Prólogo» a Henry Corbin, *Temple et contemplation*, Médicis-Entrelacs, París, 2006, p. 9-21.

Jambet, Christian, *La lógica de los orientales. Henry Corbin y la ciencia de las formas*, Fondo de Cultura Económica, México, 1983.

Nasr, Sayyed Hossein, *Sufismo vivo*, Herder, Barcelona, 2015.

Schimmel, Annemarie, *Introducción al sufismo*, Kairós, Barcelona, 2007.

—, *El sufismo o las dimensiones místicas del Islam*, Trotta, Madrid, 2015.

Shayegan, Daryush, *Henry Corbin: la topographie spirituelle de l'Islam iranien*, La Différence, París, 1988.

VV. AA., *Henry Corbin*, bajo la dirección de Christian Jambet, L'Herne, París, 1981.

JOSCELYN GODWIN

GODWIN, Joscelyn, *Athanasius Kircher. La búsqueda de un saber de la antigüedad*, Swan, Madrid, 1986.

—, *Robert Fludd. Claves para una teología del Universo*, Swan, Madrid, 1987.

—, *Cosmic music. Musical keys to the interpretation of reality, inner tradition,* Rochester, Vermont, 1989.

—, *Armonías del cielo y de la tierra. La dimensión espiritual de la música desde la antigüedad hasta la vanguardia*, Paidós, Barcelona, 2000.

—, *Armonía de las esferas*, Atalanta, Vilaür, 2009.

—, *La cadena áurea de Orfeo / El Resurgimiento de la música especulativa*, Siruela, Madrid, 2009.

—, *El mito polar. El arquetipo de los polos en la ciencia. El simbolismo y el ocultismo*, Atalanta, Vilaür, 2009.

❧

BLEIBINGER, Bernhard, «Etnología simbólica. Marius Schneider», en *Claves de hermenéutica*, Universidad de Deusto, Bilbao, 2005, p. 134-142.

—, *Marius Schneider Und der Simbolismo*, VASA Verlag, Múnich, 2005.

BOECIO, *Sobre el fundamento de la música*, Gredos, Madrid, 2009.

GONZÁLEZ, Federico, «J. Godwin», en Joscelyn Godvin, «Alquimia musical», *Cuadernos de la Gnosis*, núm. 7 (junio 1996).

QUINTILIANO, Arístides, *Sobre la música*, Gredos, Madrid, 1996.

HALIL BÁRCENA
Sufismo

FRAGMENTOS, 10
Primera edición: febrero del 2012
176 p. | 17 € | 978-84-92416-55-4

Es sufismo es una apuesta radical por una espiritualidad libre, exenta de cualquier tipo de sumisión o actitud acomodaticia. Una espiritualidad que va mucho más allá de cualquier atadura formal.

El sufismo constituye la dimensión interior del islam, el néctar de la espiritualidad muhammadiana, la más pura y refinada destilación del mensaje coránico. El sufismo es el corazón del islam y, al mismo tiempo, el islam del corazón. No obstante su filiación islámica, el sufismo, visto desde una perspectiva universalista, se dirige hacia el mismo horizonte de significación espiritual que muchas otras sendas de realización humana que encontramos en las distintas tradiciones religiosas del mundo. De ahí que, según los propios sufíes, exista en toda religión algo coincidente con el sufismo, lo cual explica que se hallen en la literatura sufí expresiones que aluden al sufismo en otras religiones.

LIBRO DE LA CREACIÓN
EDICIÓN Y TRADUCCIÓN DEL HEBREO
DE MANUEL FORCANO
FRAGMENTA EDITORIAL

ספר יצירה

Libro de la Creación

Edición y traducción del hebreo
de Manuel Forcano

FRAGMENTOS, 16
Primera edición: febrero del 2013
176 p. | 16 € | 978-84-92416-71-4

MISTERIO ES LA MEJOR PALABRA para definir el *Libro de la Creación*, un breve y antiguo opúsculo de especulación cosmológica y cosmogónica de origen impreciso, de difícil datación, de autor desconocido, de contenido confuso, de estilo lacónico y de sintaxis oscura, quizás el texto más enigmático de la literatura hebrea de todos los tiempos. Sin embargo, a pesar de su brevedad y de las extremas dificultades para comprender su mensaje, nunca tan pocas palabras habían tenido tanto poder ni habían fascinado tantas mentes preclaras. El *Libro de la Creación* es el primer ensayo especulativo conocido del pensamiento judío en lengua hebrea y cabe considerarlo, por lo tanto, como el sustrato conceptual de varios sistemas de la filosofía y la mística judaicas. Pocos libros en hebreo han ejercido, después de la conclusión de la redacción del Talmud, una influencia tan decisiva en el desarrollo del pensamiento judío. En lo que respecta específicamente a la literatura de especulación esotérico-mística, el *Libro de la Creación* es un texto fundamental e indispensable. Por lo que se refiere a la cábala judía, es un libro fundacional y por muchos considerado sagrado.

VICTORIA CIRLOT
Y BLANCA GARÍ (ED.)

El monasterio interior

Con textos de Caroline Bruzelius,
Victoria Cirlot, Blanca Garí,
Marco Rainini y María Tausiet

FRAGMENTOS, 41
Primera edición: marzo del 2017
144 p. | 17 € | 978-84-15518-69-3

Existe una intensa relación entre el lugar y la persona. No siempre lo sabemos ni siempre es evidente, pero existe. Esto es particularmente así cuando nos aproximamos al lugar de la indagación espiritual.

El concepto de monasterio interior hace referencia a una serie de espacios y de prácticas que van mucho más allá de una idea monosémica y que insinúan, por el contrario, un universo rico en ecos, connotaciones y significados. Un universo que bascula entre el lugar y la persona.

En tradiciones y épocas muy distintas, hombres y mujeres han buscado con frecuencia lugares donde encontrarse a sí mismos. En algunas de estas tradiciones, a esos lugares de particular indagación y trabajo interior se les ha dado el nombre de monasterio. Se trata sin duda de un espacio, pero se trata sobre todo de un lugar creado y definido por su uso. ¿De qué espacio se trata? ¿Dónde van quienes se buscan a sí mismos? El monasterio, aun siendo a menudo un espacio exteriormente visible, en última instancia oculta siempre un dónde interior y recóndito, de difícil acceso. Los cuatro capítulos de este libro hablan precisamente de ese acceso y emprenden uno a uno la tarea de encontrar sus puertas.

JOAN-CARLES MÈLICH

Contra los absolutos

Conversaciones con Ignasi Moreta

FRAGMENTOS, 45
Primera edición: febrero del 2018
192 p. | 18 € | 978-84-15518-90-7

JOAN-CARLES MÈLICH ES una de las voces más singulares del pensamiento catalán de hoy por la originalidad y el rigor de sus análisis y por la forma en que los transmite. Mèlich es un filósofo, pero también un escritor: despliega la misma pasión al desarrollar una idea que al exponerla a través de la palabra. Cuando expresa su pensamiento, pre ere el fragmento al sistema, el ensayo al tratado, la prosa a la metafísica. Porque valora la estética de un texto. Porque no desliga la emoción del conocimiento. Porque hace filosofía en diálogo con la tradición literaria tanto o más que con la filosofía académica.

Las ideas, las intuiciones, las indagaciones de un pensador, tienen su origen en la biografía. La obra de Mèlich publicada hasta hoy no contiene demasiados elementos autorreferenciales que permitan insertar sus aportaciones dentro de una determinada trayectoria biográfica. Esto es lo que permite hacer fácilmente el género de las conversaciones. ¿Por qué Joan-Carles Mèlich estudió filosofía? ¿De dónde sale su investigación sobre la finitud, su distinción entre moral y ética, su valoración sorprendentemente positiva de la noción de mala conciencia? En definitiva, ¿en qué cree y en qué no? ¿Por qué su crítica constante a la metafísica y a los absolutos?